普通高等院校"新工科"创新教育精品课程系列教材
教育部高等学校机械类专业教学指导委员会推荐教材

现代工程机械设计基础习题集

主　编　樊百林
副主编　蒋克铸　杨光辉
参　编　杨　皓　许　倩　曹　彤
　　　　李晓武　陈　华
主　审　窦忠强　杨东拜

华中科技大学出版社
中国·武汉

内容简介

本书从属于教育部"新工科"工程教育培养计划的教学类教材,全书分6篇,共19章。第1篇为现代工程的实践性;第2篇为工程设计中的传动性;第3篇为工程设计中的支撑性;第4篇为工程设计中的连接性;第5篇为工程设计中的机动性;第6篇为课程设计指导。

本书适合于高等院校机械工程、车辆工程、能源工程、冶金工程、材料工程、土木与环境工程、自动化工程等专业技术基础课程的教学使用,也可供相关技术人员参考。

图书在版编目(CIP)数据

现代工程机械设计基础习题集/樊百林主编. —武汉:华中科技大学出版社,2020.6
ISBN 978-7-5680-6216-9

Ⅰ.①现… Ⅱ.①樊… Ⅲ.①工程机械-机械设计-高等学校-习题集 Ⅳ.①TU602-44

中国版本图书馆 CIP 数据核字(2020)第 104105 号

现代工程机械设计基础习题集 樊百林 主编
Xiandai Gongcheng Jixie Sheji Jichu Xitiji

策划编辑:张少奇	
责任编辑:戢凤平	
封面设计:杨玉凡 廖亚萍	
责任监印:周治超	
出版发行:华中科技大学出版社(中国·武汉)	电话:(027)81321913
武汉市东湖新技术开发区华工科技园	邮编:430223
录 排:华中科技大学惠友文印中心	
印 刷:武汉市籍缘印刷厂	
开 本:787mm×1092mm 1/16	
印 张:6.25	
字 数:160千字	
版 次:2020年6月第1版第1次印刷	
定 价:19.80元	

本书若有印装质量问题,请向出版社营销中心调换
全国免费服务热线:400-6679-118 竭诚为您服务
版权所有 侵权必究

普通高等院校"新工科"创新教育精品课程系列教材
教育部高等学校机械类专业教学指导委员会推荐教材

编审委员会

顾问：**李培根**（华中科技大学）   **段宝岩**（西安电子科技大学）
   杨华勇（浙江大学）   **赵　继**（东北大学）
   顾佩华（天津大学）

主任：**奚立峰**（上海交通大学）   **刘　宏**（哈尔滨工业大学）
   吴　波（华中科技大学）   **陈雪峰**（西安交通大学）

秘书：俞道凯　万亚军

出版说明

为深化工程教育改革，推进"新工科"建设与发展，教育部于2017年发布了《教育部高等教育司关于开展新工科研究与实践的通知》，其中指出"新工科"要体现五个"新"，即工程教育的新理念、学科专业的新结构、人才培养的新模式、教育教学的新质量、分类发展的新体系。教育部高等学校机械类专业教学指导委员会也发出了将"新"落实在教材和教学方法上的呼吁。

我社积极响应号召，组织策划了本套"普通高等院校'新工科'创新教育精品课程系列教材"，本套教材均由全国各高校处于"新工科"教育一线的专家和老师编写，是全国各高校探索"新工科"建设的最新成果，反映了国内"新工科"教育改革的前沿动向。同时，本套教材也是"教育部高等学校机械类专业教学指导委员会推荐教材"。我社成立了以李培根院士、段宝岩院士、杨华勇院士、赵继教授、顾佩华教授为顾问，奚立峰教授、刘宏教授、吴波教授、陈雪峰教授为主任的"'新工科'视域下的课程与教材建设小组"，为本套教材构建了阵容强大的编审委员会，编审委员会对教材进行审核认定，使得本套教材从形式到内容上保证了高质量。

本套教材包含了机械类专业传统课程的新编教材，以及培养学生大工程观和创新思维的新课程教材等，并且紧贴专业教学改革的新要求，着眼于专业和课程的边界再设计、课程重构及多学科的交叉融合，同时配套了精品数字化教学资源，综合利用各种资源灵活地为教学服务，打造工程教育的新模式。希望借由本套教材，能将"新工科"的"新"落地在教材和教学方法上，为培养适应和引领未来工程需求的人才提供助力。

感谢积极参与本套教材编写的老师们，感谢关心、支持和帮助本套教材编写与出版的单位和同志们，也欢迎更多对"新工科"建设有热情、有想法的专家和老师加入到本套教材的编写中来。

华中科技大学出版社
2018年7月

前　言

本习题集从属于教育部"新工科"工程教育培养计划的教学类教材，全书分6篇，共19章。第1篇为现代工程的实践性；第2篇为工程设计中的传动性；第3篇为工程设计中的支撑性；第4篇为工程设计中的连接性；第5篇为工程设计中的机动性；第6篇为课程设计指导。

本习题集与樊百林主编的《现代工程机械设计基础》配套使用。

本习题集有如下特点：
(1) 突出了对现代新工程实践与实践教学知识的思考。
(2) 涵盖传统工程机械设计的基础理论知识习题。
(3) 加强了工程设计创新思维的训练。

本习题集配合教材以"新工科"工程教育为理念，以工程实践、研究性教学为基础，通过实际工程案例了解现代工程的特征和先进的技术等特点，以机器零部件设计为切入点，实现经典设计理论的学习；通过传统工程机械设计训练，培养对工程机械的基本设计能力；通过创新综合设计，结合现实情况，激发创新设计思想，达到实践教学与创新设计相结合的目的，体现机械设计教学的研究性、实践性、应用性、创新性。

本书适合于高等院校机械工程、车辆工程、能源工程、冶金工程、材料工程、土木与环境工程、自动化工程等专业技术基础课程的教学使用，也可供相关技术人员参考。

本书由樊百林担任主编，由蒋克铸和杨光辉担任副主编。樊百林对全书进行了统稿和整理。参加编写的教师还有北京科技大学杨皓、许倩、曹彤、李晓武、陈华。此外，王俊朋、程学道、黄上真、张伟等参与了全书的文字整理工作，在这里一并表示感谢。

编　者

2020年2月

目 录

第 1 篇　现代工程的实践性

第 1 章　现代工程设计概论…………………………………………………………（3）
第 2 章　机械设计基础知识…………………………………………………………（5）
第 3 章　机械设计综述………………………………………………………………（8）

第 2 篇　工程设计中的传动性

第 4 章　工程中的带传动…………………………………………………………（13）
第 5 章　工程中的齿轮传动………………………………………………………（21）
第 6 章　工程中的斜齿轮传动……………………………………………………（28）
第 7 章　工程中的锥齿轮传动……………………………………………………（31）
第 8 章　工程中的蜗杆传动………………………………………………………（34）
第 9 章　工程中的轮系……………………………………………………………（39）

第 3 篇　工程设计中的支撑性

第 10 章　工程中的轴承……………………………………………………………（45）
第 11 章　工程中的轴………………………………………………………………（54）

第 4 篇　工程设计中的连接性

第 12 章　工程中的螺纹连接………………………………………………………（65）
第 13 章　工程中的键连接…………………………………………………………（71）
第 14 章　工程中的联轴器…………………………………………………………（73）

第 5 篇　工程设计中的机动性

第 15 章　工程中的平面连杆机构…………………………………………………（79）
第 16 章　工程中的凸轮机构………………………………………………………（82）

第6篇 课程设计指导

第17章 饮水机设计 …………………………………………………………………………（87）
第18章 电弧炼钢炉设备设计 ………………………………………………………………（88）
第19章 搬运电动车设计 ……………………………………………………………………（89）
参考文献 ………………………………………………………………………………………（90）

第1篇 现代工程的实践性

第 1 章　现代工程设计概论

一、思考题

1. 从现实社会实际工程出发,如何理解工程的现实性。

2. 高铁生产中,大量使用的关键核心零部件有哪些?

3. 阐述磁悬浮列车的安全性和技术性,磁悬浮工程的安全防范意识要从哪几个角度来培养?你有什么见解?

4. 分析现代社会高铁建设中采用了哪些先进技术?

5. 应如何理解先进技术与社会环境之间的相互关系?

6. 福岛核电站辐射事故给我们的启示是什么？

7. 以地铁建设为例说明工程设计的过程。

二、简述题

1. 绘制出你参观、实习的某一设备的结构简图，并用文字说明。

2. 通过发动机实践，绘制出发动机的工作原理图，并用文字说明。

第 2 章　机械设计基础知识

一、机器结构分析

1. 分析图 2-1 所示的汽车图例,用指引线标注出汽车由哪几部分组成,并指出各部分包含哪些零部件。

图 2-1

2. 从外形看,用指引线标注出图 2-2 所示发动机的组成部分。

图 2-2

3. 观察图 2-3,分析哪种结构设计更为合理。

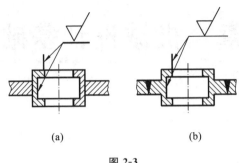

图 2-3

二、填空题

1. 机器的种类很多,从结构制造角度来分析,机器由_____和单独作为装配单元的_____组成。

2. 从功能的角度来看,机器由_____、_____、_____组成。

3. 从机构角度分析,机器是由具有_____的机构组成的,构件是组成_____的最小单元体。

4. 轴常用的材料有_____,常采用_____热处理。

5. 优质碳素钢既可保证_____又能保证_____。

三、简答题

1. 机械零件的主要设计准则是什么?

2. 机械零件的设计步骤是什么?

3. 机械零件常用的材料有哪些?

4. 传动系统的功用是什么？

5. 机器的特征是什么？

6. 部件按不同功用可分为哪些类型？

7. 机器结构设计中主要考虑哪些方面的内容？

第 3 章　机械设计综述

一、思考题

1. 机械设计过程通常分为哪几个阶段？各阶段的主要内容是什么？

2. 传动机构的布置应考虑哪些因素？

3. 选择和设计机械传动装置的主要依据是什么？

4. 机械设备总体布置的原则是什么？

二、简答题

1. 在工程中，试分析各种齿轮传动如何选择。

2. 分析图 3-1 所示卷扬机的四种传动方案的特点。

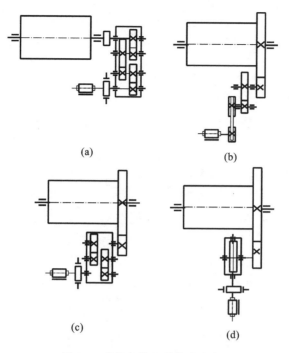

图 3-1 卷扬机的四种传动方案

第2篇　工程设计中的传动性

第 4 章　工程中的带传动

一、判断题

1. 平带交叉式传动,两轮的转向是相同的。　　　　　　　　　　　　　　（　）
2. 带传动中,影响传动效果的是大带轮的包角。　　　　　　　　　　　　（　）
3. 带传动中,如果包角偏小,可考虑增加大带轮的直径来增大包角。　　　（　）
4. 带传动的设计准则是保证带在要求的工作期限内不发生过度磨损。　　　（　）
5. 为保证 V 带的工作面与带轮轮槽工作面之间的紧密贴合,轮槽的夹角应略小于带的夹角。　　　　　　　　　　　　　　　　　　　　　　　　　　　　　　　　（　）
6. V 带型号是根据计算功率和主动轮的转速来选定的。　　　　　　　　（　）
7. 带传动张紧力不足时,带会在带轮上打滑,造成带的急剧磨损。　　　　（　）
8. 带传动时,若张紧力过大,轴和轴承上的压力将减小,使带的寿命降低。（　）
9. 装配带传动时,要保证两带轮的轴线互相垂直。　　　　　　　　　　　（　）
10. 为保证带传动的正常工作,带轮工作面的表面粗糙度值越小越好。　　（　）
11. 带传动中紧边与小轮相切处,带中应力最大。　　　　　　　　　　　（　）
12. V 带带轮直径减小,轮槽角需增大。　　　　　　　　　　　　　　　（　）
13. 为了提高传动能力,不是将带轮工作面加工粗糙,增加摩擦系数,而是降低加工表面的粗糙度。　　　　　　　　　　　　　　　　　　　　　　　　　　　　　　（　）

二、填空题

1. 带传动由 _____、_____ 和紧套在两轮上的 _____ 组成,依靠 _____ 与 _____ 间的 _____ 力进行传动。
2. 带传动中,带中产生的应力有 _____、_____、_____ 三种,三种应力叠加后,最大应力发生在紧边绕入 _____ 处。
3. 带传动运转时应使带的 _____ 边在上, _____ 边在下,目的是 _____。
4. 主动轮的有效拉力与 _____、_____、_____ 有关。
5. 带传动中的初拉力 F_0 是由 _____ 产生的拉力。运转时,绕进主动轮的一边,拉力由 F_0 _____ 到 F_1;而绕进从动轮的一边,拉力由 F_0 _____ 到 F_2。有效拉力为 _____。
6. 由过载引起的全面滑动称为 _____;由带的弹性和拉力差引起的滑动称为 _____。_____ 是应当避免的, _____ 是不可避免的。
7. 当 A 型 V 带的初步计算长度为 1150 mm 时,其基准长度为 _____。

8. 单根 V 带所能传递的功率与_____、_____、_____有关。

9. 带传动的设计准则是_____。

10. 已知 V 带的截面夹角 $\theta = 40°$，带轮轮槽的 φ 角应比 $40°$_____，且轮径越小，φ 角越_____。

11. 根据传动原理不同，带传动可分为摩擦传动型和_____传动型。V 带传动属于_____型，同步带传动属于_____型。

12. 普通 V 带传动的主要失效形式有：带在带轮上_____和带发生_____破坏。

13. 带传动常用的张紧方法有张紧轮法和调整_____法两种。

三、选择题

1. 设计 V 带传动时，为防止_____，应限制小带轮的最小直径。
   A. 带内的弯曲应力过大   B. 带的离心力过大
   C. 小带轮上的包角过小   D. 带的长度过长

2. 一定型号的 V 带内的弯曲应力与_____成反比关系。
   A. 带的线速度   B. 带轮的直径
   C. 带轮上的包角   D. 传动比

3. 一定型号的 V 带中的离心拉应力与带的线速度_____。
   A. 的平方成正比   B. 的平方成反比
   C. 成正比   D. 成反比

4. 带传动在工作时，假定小带轮为主动轮，则带内应力的最大值发生在带_____。
   A. 进入大带轮处   B. 紧边进入小带轮处
   C. 离开大带轮处   D. 离开小带轮处

5. 一定型号的 V 带传动，当小带轮转速一定时，其所能传递的功率增量取决于_____。
   A. 小带轮上的包角   B. 带的线速度
   C. 传动比   D. 大带轮上的包角

6. 与 V 带传动相比，同步带传动的突出优点是_____。
   A. 传递功率大   B. 传动比准确
   C. 传动效率高   D. 带的制造成本低

7. 带轮是采用轮辐式、腹板式或实心式，主要取决于_____。
   A. 带的横截面尺寸   B. 带轮的线速度
   C. 传递的功率   D. 带轮的直径

8. 当摩擦系数与初拉力一定时，带传动在打滑前所能传递的最大有效拉力随_____的增大而增大。
   A. 带轮的宽度   B. 小带轮上的包角
   C. 大带轮上的包角   D. 带的线速度

9. 带传动的优点是_____。
   A. 结构紧凑，制造成本低廉
   B. 结构简单，制造成本低廉，传动平稳，吸振，适用于中心距较大的传动

C. 结构简单,传动比准确,中心距便于调整

10. 带传动中,带速 $v<10$ m/s,紧边拉力为 F_1,松边拉力为 F_2。当空载时,F_1 和 F_2 的比值是_____。当载荷未达到极限值时,F_1 和 F_2 的比值是_____。当载荷达到极限值,带开始打滑还未打滑时,F_1 和 F_2 的比值是_____。

A. 1　　　　　　　B. e^{fa}　　　　　　　C. 0　　　　　　　D. $1<F_1/F_2<e^{fa}$

11. 小带轮直径取值要求 $d_1 \geqslant d_{min}$ 是为了_____。
    A. 使结构紧凑　　　　　　　　　B. 限制弯曲应力
    C. 限制中心距　　　　　　　　　D. 保证带和带轮接触面间有足够的摩擦力
    E. 限制小带轮上的包角

12. 带和轮槽的安装情况应如图_____所示。

A　　　　　　　　B　　　　　　　　C

13. 已知 A 型 V 带,带轮的基准直径 $d=315$ mm,带的根数为 3,轴径为 60 mm,此带轮应选用_____结构。
    A. 实心式　　　　　　　B. 腹板式　　　　　　　C. 轮辐式

14. V 带传动中,张紧轮的合理配置应如图_____所示。

A　　　　　　　　B　　　　　　　　C

15. 带传动设计中,在传动比 i 不能改变的情况下,增加包角 α 的途径为_____。
    A. 增大中心距 a,加大小带轮直径 d_1　　　B. 增大中心距 a
    C. 加大小带轮直径 d_1

16. 与齿轮传动相比,同步带传动有_____的优点。
    A. 传递功率大,寿命长　　　　　　B. 噪声小,能吸振,不必润滑
    C. 传动比准确,结构紧凑

四、简答题及综合题

1. V 带传动的工作能力主要取决于哪几个参数?如果带传动工作能力不够,如何调整这些参数?

2. 所传递的功率一定,带传动放在高速级好还是低速级好？为什么？

3. 带传动为什么要限制其最小中心距和最大传动比？

4. V带传动的最小带轮直径由什么条件限制？V带轮的基准直径指的是哪个直径？

5. 为了避免带打滑,将带轮上与带接触的表面加工得粗糙些以增大摩擦,这样解决是否可行、合理？为什么？

6. 为什么说同步带传动兼有普通带传动与齿轮传动的优点？

7. 图 4-1 所示为带式运输机的传动装置,其中 d_1 及 d_2 为 V 带传动的主、从动轮的基准直径。设运输带的载荷(工作拉力 F)不变,为了提高运输带的速度 v,拟将从动带轮直径 d_2 减小,其余参数不变。若齿轮减速器的强度足够,问这样变动是否可行？为什么？

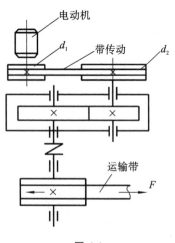

图 4-1

8. V 带传动的中心距 a 建议按下式选择:
$$2(d_1+d_2) \geqslant a \geqslant 0.7(d_1+d_2)$$
若最大传动比按 7 计算,求按上式推荐的中心距的最小值设计带传动,其小轮包角 α_1 为多少度? 能否采用? 若最大传动比取到 10,α_1 又为多少度?

9. 单根 A 型 V 带能传递的最大功率 $P=3.8$ kW,主动轮的基准直径 $d_1=180$ mm,主动轮转速 $n_1=1600$ r/min,小带轮包角 $\alpha_1=135°$,胶带与带轮间的当量摩擦系数 $f'=0.25$。求:
(1) 有效拉力 F;   (2) 离心拉力 mv^2;
(3) 紧边拉力 F_1;   (4) 松边拉力 F_2;
(5) 最合宜的初拉力 F_0(设 $K_A=1.2$); (6) 轴上压力 F_Q。

10. 带传动的主动轮转速 $n_1=460$ r/min,传动比 $i=2.6$,带的基准长度 $L_d=2000$ mm,工作平稳,一班制工作。当主动轮直径 $d_1=150$ mm 和 $d_1=180$ mm 时,分别求单根 B 型 V 带所能传递的功率。

11. 带传动的主动轮转速 $n_1=1200$ r/min，主动轮直径 $d_1=100$ mm，从动轮直径 $d_2=315$ mm，中心距 $a\approx500$ mm，传递功率 $P=3.5$ kW，工作情况系数 $K_A=1.2$。试选带型，并求 V 带根数 z。

12. 设计题 11 中的从动轮（轮轴孔直径为 40 mm），并绘制零件工作图。

13. 如图 4-2 所示，已知搅拌机传动功率 $P=3$ kW，电动机转速 $n_1=1600$ r/min，传动比 $i=3$，两班制工作，载荷平稳，中心距不小于 400 mm。试设计 V 带传动，并绘制大轮零件工作图（大轮轴孔直径为 35 mm）。

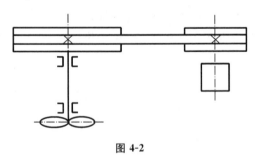

图 4-2

14. 设计一输送机用普通 V 带传动。已知电动机的额定功率为 3 kW,转速 $n_1=575$ r/min,传动比 $i=2.5$,传动中心距 $a=400$ mm,两班制工作。

15. 有一普通 V 带传动,已知带的型号为 A 型,两个 V 带轮的基准直径分别为 125 mm 和 250 mm,初定中心距 $a_0=480$ mm,试设计此 V 带传动。

16. 已知单根 V 带传递的最大功率 $P=4.7$ kW,小带轮的 $d_1=200$ mm,$n_1=1800$ r/min,$\alpha_1=135°$,$f=0.25$。求紧边拉力 F_1 和有效拉力 F_e(假设带与轮间的摩擦力已达到最大摩擦力)。

17. 由双速电动机与 V 带传动组成传动装置。靠改变电动机转速输出轴可以得到 300 r/min 和 600 r/min 两种转速。若输出轴功率不变,则带传动应按哪种转速设计?为什么?

18. 普通 V 带传动由电动机驱动,电动机转速 $n_1=1450$ r/min,小带轮基准直径 $d_1=100$ mm,大带轮基准直径 $d_2=280$ mm。中心距 $a \approx 350$ mm,传动用两根 A 型 V 带,两班制工作,载荷平稳。试求此传动所能传递的最大功率。

五、分析画图题

如图 4-3 所示,采用张紧轮将带张紧,小带轮为主动轮,指出哪些是合理的,哪些是不合理的,为什么?(注:最小轮为张紧轮)

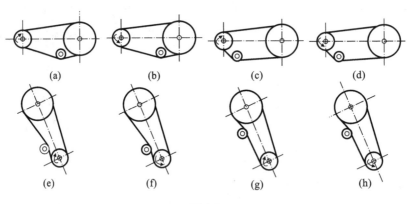

图 4-3

参考答案

第 5 章　工程中的齿轮传动

一、判断题

直齿圆柱齿轮：
1. 渐开线上任意一点的法线不可能都与基圆相切。（　）
2. 标准直齿圆柱齿轮的正确啮合条件：只要两齿轮模数相等即可。（　）
3. 一对相互啮合的齿轮，如果两齿轮的材料和热处理情况均相同，则它们的工作接触应力和许用接触应力均相等。（　）
4. 对于软齿面闭式齿轮传动，若弯曲强度校核不足，较好的解决办法是保持 d_1 和 b 不变，而减少齿数，增大模数。（　）
5. 钢制齿轮多用锻钢制造，只有在齿轮直径很大和形状复杂时才用铸钢制造。（　）
6. 齿轮传动在高速重载情况下，且散热条件不好时，其齿轮的主要失效形式为齿面塑性变形。（　）
7. 齿轮传动中，经过热处理的齿面称为硬齿面，而未经热处理的齿面称为软齿面。（　）
8. 齿面点蚀失效在开式齿轮传动中不常发生。（　）
9. 齿轮传动中，主、从动齿轮齿面上产生塑性变形的方向是相同的。（　）

渐开线齿轮及其他：

10. 标准渐开线齿轮的齿形系数大小与模数有关，与齿数无关。（　）
11. 渐开线的形状取决于基圆的大小。（　）
12. m、α、h_a^*、c^* 都是标准值的齿轮一定是标准齿轮。（　）
13. 只有一对标准齿轮在标准中心距情况下啮合传动时，啮合角的大小才等于分度圆压力角。（　）
14. 组成正传动的齿轮应是正变位齿轮。（　）
15. 在设计用于传递平行轴运动的齿轮机构时，若中心距不等于标准中心距，则只能采用变位齿轮以配凑实际中心距。（　）

二、填空题

1. 齿轮传动的基本要求是：_____ 和 _____ 。
2. 齿轮传动形式很多，按两轴线的相对位置分为 _____ 传动、_____ 传动和 _____ 传动；按齿轮的工作条件分为 _____ 和 _____ ；按齿面硬度分为软齿面（≤_____ HBS）与硬齿面（>_____ HBS）。

3. 一对齿轮的传动比与齿廓接触点处公法线分割连心线所得两线段的长度成_____比,这一关系称为_____基本定律。
4. 一对齿轮的连心线与相啮合的两齿廓在接触点的公法线的交点 C,称为该对齿轮传动的_____,过此点所作的圆称为该对齿轮传动的_____圆。
5. 凡满足齿廓啮合基本定律而相互啮合的一对齿廓,称为_____。
6. 由 $i_{12}=r_{b2}/r_{b1}$ 知渐开线齿轮传动具有中心距的_____性。
7. 渐开线齿廓上各点的压力角是不相等的,它随向径 r_k 的增大而_____,齿廓基圆上的压力角等于_____,通常把齿轮_____上的压力角称为齿轮的压力角,以符号_____表示。
8. 压力角已标准化,我国规定 $\alpha=$_____。
9. 分度圆是齿轮上具有_____和_____的圆。
10. 决定标准直齿圆柱齿轮大小、轮齿形状的基本参数有 5 个,它们是_____、_____、_____、_____和_____。
11. 直齿圆柱齿轮传动的正确啮合条件是_____。
12. 重合度 $\varepsilon=1.2$ 表示_____,$\varepsilon<1$ 会出现_____。
13. 分度圆周上的齿距与 π 的比值规定为有理数的标准值,称为_____,用符号_____表示。
14. 模数 m、齿数 z 与分度圆直径 d 三者之间的关系式为 $d=$_____。
15. 齿顶高系数,标准中规定:正常齿制 $h_a^*=$_____;短齿制 $h_a^*=$_____。
16. 径向间隙系数,标准中规定:正常齿制 $c^*=$_____;短齿制 $c^*=$_____。
17. 通常将实际啮合线长度与基圆齿距的比值称为齿轮传动的_____,用符号_____表示;齿轮连续传动的条件为_____。
18. 齿轮的加工方法很多,最常用的切削加工方法可分为_____和_____两大类。
19. 齿轮公差标准规定,齿轮的制造精度分_____级,其中_____级精度最高,_____级精度最低,一般机械中常用_____级精度。
20. 避免根切有_____和_____两种方法。
21. 用齿条型刀具加工齿轮时,为保证无根切,限制被切齿轮最少齿数的公式为 $z_{min}=$_____;对于 $\alpha=20°,h_a^*=1$ 的标准直齿轮,其最少齿数 $z_{min}=$_____。
22. 变位齿轮传动的类型有_____、_____和_____。
23. 变位齿轮变位方式有:_____变位和_____变位。
24. 齿轮传动的失效形式有:_____、_____、_____和_____。
25. Y_{FS} 是_____系数,Y_{FS} 值只与_____有关,与_____无关。
26. 当 d 一定时,模数 m 越大,齿数 z 就越小,轮齿就越_____,因此轮齿的抗弯承载能力也越_____。

三、选择题

直齿圆柱齿轮:
1. 节圆是一对齿轮组成传动后才定义的圆,所以单个齿轮_____节点,_____

节圆。

    A. 有   B. 无

2. 齿轮传动时，齿廓的啮合是由主动轮的_____与从动轮的_____接触处开始，而在主动轮的_____与从动轮的_____接触处脱开；啮合点的轨迹是一条_____线，称为_____啮合线。

    A. 齿顶   B. 齿根   C. 曲

    D. 直   E. 理论   F. 实际

3. 标准齿轮存在的主要缺点有_____、_____、_____。

    A. 运动不平稳   B. 没有齿轮传动的"可分性"

    C. 没有齿轮传动的"连续性"   D. 齿数必须大于或等于最小齿数 z_{min}

    E. 不适合实际中心距不等于标准中心距的场合

    F. 小齿轮齿根厚度大于大齿轮齿根厚度

4. 为了使各个相啮合齿对磨损均匀，传动平稳，两齿轮齿数 z_1 与 z_2 一般应_____。

    A. 为倍数   B. 不同   C. 互为质数   D. 均为奇数

5. 若保持齿轮中心距不变，在一定齿数范围内，尤其是当承载能力主要取决于齿面接触强度时，以齿数_____为好。

    A. 多一些   B. 少一些   C. 等于17   D. 大于17

6. 顶隙 c 是一轮齿顶到另一轮齿根间的径向间隙，它是为了防止相互啮合的一对齿轮的_____相碰，并便于存储_____。

    A. 齿顶与齿顶   B. 齿顶与齿根   C. 齿根与齿根

    D. 润滑油   E. 空气

7. 设计齿轮传动时，若保持传动比 i 与齿数和 $z_1 + z_2$ 不变，而增大模数 m，则齿轮的_____。

    A. 弯曲强度提高，接触强度提高   B. 弯曲强度不变，接触强度提高

    C. 弯曲强度和接触强度均不变   D. 弯曲强度高，接触强度不变

8. 一对减速齿轮传动中，若保持分度圆直径 d_1 不变，而减少齿数和增大模数，其齿面接触应力将_____。

    A. 增大   B. 减小   C. 保持不变   D. 略有减小

9. 两啮合齿轮的_____相等，_____不相等。

    A. 弯曲应力   B. 接触应力

10. 对于齿面硬度小于等于 350 HBS 的闭式钢制齿轮传动，其主要失效形式为_____。

    A. 轮齿疲劳折断   B. 齿面磨损

    C. 齿面疲劳点蚀   D. 齿面胶合

11. 设计一对减速软齿面齿轮传动时，从等强度要求出发，大、小齿轮的硬度选择时，应使_____。

    A. 两者硬度相等

    B. 小齿轮硬度高于大齿轮硬度

    C. 大齿轮硬度高于小齿轮硬度

    D. 小齿轮采用硬齿面，大齿轮采用软齿面

12. 轮齿的弯曲强度,当_____,齿根弯曲强度增大。
   A. 模数不变,增多齿数时　　　　　　B. 模数不变,增大直径时
   C. 模数不变,增大中心距时　　　　　D. 齿数不变,增大模数时
13. 齿轮设计时,当因齿数选择过多而使直径增大时,若其他条件相同,则它的弯曲承载能力_____。
   A. 呈线性地增加　　　　　　　　　　B. 呈线性地减小
   C. 不呈线性但有所增加　　　　　　　D. 不呈线性但有所减小
14. a、b、c 三个标准直齿圆柱齿轮,模数和齿数均相同,压力角依次增大,_____齿轮的齿形系数最大。
   A. a　　　　　　　　B. b　　　　　　　　C. c

渐开线齿轮及其他:
15. 渐开线上任意一点的法线必与基圆_____。
   A. 相交　　　　　　　B. 相切
16. 渐开线上的点离基圆越远,该点处的曲率半径值越_____;渐开线在基圆处的曲率半径值为_____。
   A. 小　　　　　B. 大　　　　　C. 零　　　　　D. 无穷
17. 渐开线的形状与基圆大小_____,基圆半径越小,则渐开线越_____,基圆半径_____时,渐开线变为一条直线。
   A. 有关　　　　　　　　B. 无关　　　　　　　　C. 弯曲
   D. 平缓　　　　　　　　E. 无穷大　　　　　　　F. 为零
18. 一对标准渐开线圆柱齿轮要正确啮合,它们的_____必须相等。
   A. 直径 d　　　B. 模数 m　　　C. 齿宽 b　　　D. 齿数 z
19. 一对渐开线直齿圆柱齿轮正确啮合的条件为_____和_____。
   A. 齿数相等　　　B. 模数相等　　　C. 啮合角相等　　　D. 压力角相等
20. 渐开线上某点的压力角是指该点所受正压力的方向与该点_____方向间所夹的锐角,渐开线上离基圆越远的点,其压力角_____,基圆上的压力角为_____。
   A. 绝对速度　　　　　　B. 相对滑动速度　　　　　C. 越大
   D. 越小　　　　　　　　E. 20°　　　　　　　　　F. 0°
21. 标准齿轮是否发生根切取决于其_____。
   A. 模数　　　　　B. 齿数　　　　　C. 压力角　　　　　D. 重合度
22. 切削变位齿轮时,将切削刀具离开(远离被加工齿轮中心)称为_____变位。
   A. 负　　　　　　　　B. 正　　　　　　　　C. 零
23. 变位齿轮的_____、_____、_____和_____与标准齿轮一样无变化;但_____、_____、_____和_____与标准齿轮不同,发生了变化。
   A. 齿顶圆　　　B. 分度圆　　　C. 齿根圆　　　D. 基圆
   E. 齿数　　　　F. 模数　　　　G. 齿厚　　　　H. 齿形
24. 成形法加工齿轮,其生产率_____,精度_____,适合于_____生成。
   A. 较高　　　　B. 较低　　　　C. 大批　　　　D. 单件或小批
25. 用范成法加工齿轮,当变位系数 $x > x_{\min}$ 时,_____根切,当 $x < x_{\min}$ 时,_____根切。

A. 可能   B. 一定   C. 不一定

26. 正变位齿轮的变位系数 x _____，分度圆齿厚 _____ 标准值，齿顶高 _____ 标准值；负变位齿轮的变位系数 x _____，分度圆齿距 _____ 标准值，齿顶高 _____ 标准值。

A. >0   B. =0   C. <0
D. >   E. =   F. <

四、简答题及综合题

1. 在齿轮传动中，节圆和分度圆重合，啮合角和压力角相等，要具备什么条件？

2. 为什么齿轮传动要保证一定的齿侧间隙？它是通过控制哪个尺寸的偏差来实现的？

3. 已知标准直齿圆柱齿轮的齿顶圆直径为 100 mm，齿数为 23，求：模数、分度圆直径、齿根圆直径、基圆直径、全齿高、齿顶高、齿根高、齿距、齿厚、齿槽宽。

4. 已知标准直齿圆柱齿轮传动，齿轮模数 $m=5$ mm，大齿轮的齿顶圆直径 $d_{a2}=220$ mm，传动比 $i=2.3$，求这对齿轮的各项几何参数（d_{a1}、d_1、d_2、z_1、z_2、a），并求出大齿轮的公法线长度、跨齿数。

5. 如何测量齿轮的公法线长度，测此长度有何作用？如何应用设计手册上的公法线长度表，在已知压力角、齿数、模数的情况下求得公法线长度？试求：
(1) $\alpha=20°, m=1$ mm, $z=22$ 的标准直齿圆柱齿轮的公法线长度；
(2) $\alpha=20°, m=4$ mm, $z=22$ 的标准直齿圆柱齿轮的公法线长度及跨齿数。

6. 一对齿轮传动，若保持其传动比和中心距不变，而改变其齿数和，试问这会给齿轮的接触强度和弯曲强度带来什么影响？

7. 已知二级标准直齿圆柱齿轮减速箱的传动功率 $P=8$ kW, $n_1=960$ r/min, 传动比 $i_{12}=4.2$，单向传动，载荷平稳，试设计该减速箱中的第一级齿轮传动，并画出齿轮的啮合图（$d_{h1}=20$ mm, $d_{h2}=45$ mm）。

8. 有一单级直齿圆柱齿轮传动,已知 $z_1=20, z_2=51, m=5$ mm, $b_1=35$ mm, $b_2=30$ mm,大、小齿轮材料均为 HT300,硬度为 200 HBS,单向传动,转速 $n_1=50$ r/min,每天平均工作 8 h,使用寿命 10 年。若载荷系数按 $K=1.3$ 计,试求该齿轮传动所承受的最大转矩 T_{max} 和所允许传递的最大功率 P_{max}。

9. 有两对闭式直齿圆柱齿轮传动,已知材料相同,工况相同。第一对齿轮:$z_1=18, z_2=41, m=4$ mm, $b=50$ mm;第二对齿轮:$z_1=36, z_2=82, m=2$ mm, $b=50$ mm。分别按接触强度和弯曲强度求两对齿轮传动所能传递的转矩比值。

10. 一对渐开线标准直齿圆柱齿轮的 $m=2$ mm, $z_1=20, z_2=40$,安装中心距 $a'=60.3$ mm,试求:
(1) 分度圆直径 d_1 和 d_2,节圆直径 d'_1 和 d'_2;
(2) 标准中心距。

参考答案

第6章 工程中的斜齿轮传动

一、判断题

1. 标准斜齿圆柱齿轮的正确啮合条件是：两齿轮的端面模数和压力角相等，螺旋角相等，螺旋方向相反。（   ）
2. 斜齿圆柱齿轮计算基本参数是：标准模数、标准压力角、齿数和螺旋角。（   ）
3. 任意倾斜的法向齿距，其大小都等于基圆齿距。（   ）
4. 平行轴斜齿轮机构的端面模数为标准值。（   ）

二、填空题

1. 确定标准斜齿圆柱齿轮大小及轮齿形状的基本参数有六个，除直齿的五个外，还有一个是_____。
2. 斜齿圆柱齿轮当量齿轮的当量齿数 $z_v=$_____。
3. 斜齿圆柱齿轮传动的正确啮合条件是_____。

三、选择题

1. 一对外啮合斜齿圆柱齿轮传动的正确啮合条件为_____、_____和_____。
   A. $m_{n1}=m_{n2}$ B. $\beta_1=\beta_2$ C. $\alpha_{n1}=\alpha_{n2}$ D. $\beta_1=-\beta_2$ E. $z_{v1}=z_{v2}$
2. 一对渐开线斜齿圆柱齿轮在啮合传动过程中，齿廓上的接触线长度开始_____，又_____。
   A. 由小逐渐变大   B. 由大逐渐变小
   C. 逐渐由小到大再到小   D. 由大到小再到大
3. 斜齿轮的标准模数是指_____面模数，标准压力角是指_____面压力角，其分度圆直径 $d=$_____ z。
   A. 法   B. 轴向平   C. 端
   D. m_t E. m_n F. m_a
4. 斜齿圆柱齿轮的轴向力 F_x 的方向与_____、_____和_____都有关系。
   A. 压力角   B. 齿轮的旋转方向   C. 螺旋角的方向
   D. 重合度   E. 主、从动轮

四、简答题及综合题

1. 画出图 6-1 所示齿轮轮齿所受的作用力并注明方向,其中图(a)(b)所示为主动轮,图(c)所示为从动轮。

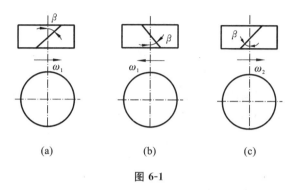

图 6-1

2. 设二级斜齿圆柱齿轮减速器的已知参数如图 6-2 所示,试问:

(1) 低速级斜齿轮的螺旋线方向应如何选择才能使中间轴上两轮的轴向力相反?

(2) 欲使中间轴上的轴向力抵消,两 β 应为何种关系?

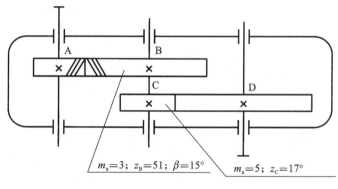

图 6-2

3. 已知单级闭式标准斜齿圆柱齿轮传动:驱动功率 $P=8$ kW,$n_1=1080$ r/min,传动比 $i=3.7$,中等冲击,双向传动。设小齿轮的材料用 40MnB,大齿轮的材料用 45 钢调质,设计此传动,并画出大齿轮零件工作图($d_{b2}=45$ mm)。

4. 有一对标准渐开线斜齿圆柱齿轮,已知:$m_n=4$ mm,$\beta=12°$,$z_1=20$,$z_2=50$。问:
(1) 它们能否安装在中心距 $a'=142$ mm 的两轴上?
(2) 若无法安装,则它们的螺旋角 β 要改为多大才能安装?此时两轮分度圆直径各为多少?

5. 试确定图 6-3 中大齿轮的运动方向和两齿轮的受力方向,并用箭头标在图上。

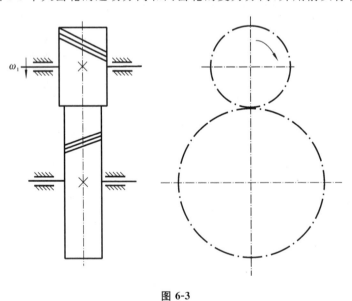

图 6-3

参考答案

第 7 章 工程中的锥齿轮传动

一、判断题

1. 标准直齿圆锥齿轮规定以小端的几何参数为标准值。（   ）
2. 圆锥齿轮的正确啮合条件是：两齿轮的小端模数和压力角分别相等。（   ）

二、选择题

1. 分度圆是指齿轮上具有_____和_____的圆。
   A. 齿厚　　　　　　B. 标准模数　　　　C. 齿槽宽　　　　D. 标准压力角
2. 直齿圆锥齿轮的强度计算的依据是_____。
   A. 大端当量圆柱齿轮　　　　　　　　B. 平均分度圆柱齿轮
   C. 平均分度圆处的当量圆柱齿轮　　　D. 小端当量圆柱齿轮

三、填空题

1. 圆锥齿轮主要用于_____轴之间的传动,通常两轴交角为 $\Sigma=$_____。
2. 相互啮合的一对圆锥齿轮节圆锥的素线长,称为_____。
3. 当 $\Sigma = \delta_1 + \delta_2 =$_____时, $i_{12} = \tan\delta_2 = \cot\delta_1$。
4. 直齿圆锥齿轮传动的几何尺寸计算是以_____端尺寸为基准,以_____端模数为标准模数;齿顶间隙系数 $c^* =$_____,齿宽系数 $\varphi_R =$_____,常用 $\varphi_R =$_____。
5. 直齿圆锥齿轮当量齿轮的当量齿数 $z_v =$_____。

四、简答题及综合题

1. 如图 7-1 所示,一直齿圆锥齿轮传动,轴 I 为主动轴,转向如图中所示。试确定两齿轮的运动方向和受力方向,并用箭头标注在图上。

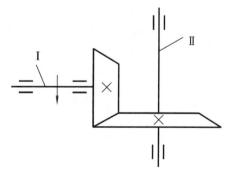

图 7-1

2. 如图 7-2 所示，一直齿圆锥齿轮和斜齿圆柱齿轮传动，轴Ⅰ为主动轴，转向如图中所示，试问：

（1）斜齿轮的旋向如何设计才能使轴Ⅱ上的两齿轮的轴向力相反以有利于轴和轴承？

（2）欲使轴Ⅱ上的轴向力抵消，轴Ⅱ上的两齿轮的参数应满足什么关系？

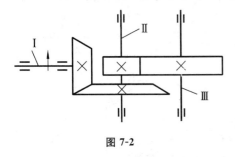

图 7-2

3. 直齿圆锥齿轮传动的几何尺寸计算以大端为准，为什么？

4. 一对直齿圆锥齿轮传动，$m=4$ mm，$z_1=18$，$z_2=54$，两轴线夹角 $\Sigma=90°$。试计算这对齿轮的几何尺寸，并按 1∶2 的比例绘制其啮合图（$d_{h1}=25$ mm，$d_{h2}=50$ mm，其他未规定的几何尺寸自行设计）。

5. 设计一单级减速器中的斜齿圆柱齿轮传动。已知：$n_1=1460$ r/min，$P=10$ kW，$i=3.5$，$z_1=25$，电动机驱动，单向运转，载荷有中等冲击，使用寿命为 10 年，两班制工作，齿轮在轴承间对称布置。

6. 在图 7-3 所示的一对直齿圆锥齿轮和一对斜齿圆柱齿轮传动中，已知主动齿轮 1 的转向和齿轮 3 轮齿的旋向。

（1）在 1、2 齿轮啮合处和 3、4 齿轮啮合处分别标出齿轮 2 和齿轮 3 所受径向力 F_r、切向力 F_t、轴向力 F_a 的方向。

（2）从 2、3 齿轮所受的轴向力考虑，齿轮 3 的轮齿旋向是否合理？若不合理应如何改正？

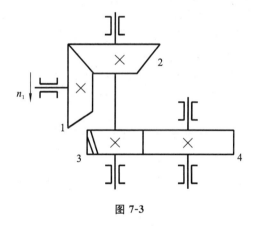

图 7-3

参考答案

第 8 章　工程中的蜗杆传动

一、填空题

1. 在蜗杆传动中,蜗杆头数越少,则传动效率越_____,自锁性越_____,一般蜗杆头数常取 $z_1 = $_____。
2. 蜗杆传动的滑动速度越大,所选润滑油的黏度值应越_____。
3. 在蜗杆传动中,产生自锁的条件是_____。
4. 蜗轮轮齿的失效形式有_____、_____、_____、_____。但因蜗杆传动在齿面间有较大的_____,所以更容易产生_____和_____失效。
5. 与齿轮传动相比,蜗杆传动的主要优点是结构_____,噪声_____,可以实现_____;缺点是传动效率_____,发热_____,蜗轮齿圈需_____。
6. 圆柱蜗杆根据其螺旋面的形成方式,分为_____和_____。
7. 阿基米德蜗杆在轴向断面内,齿廓曲线为_____;在垂直于蜗杆轴线的断面内,齿廓曲线为_____。
8. 垂直于蜗轮轴线并包含蜗杆轴线的平面,称为_____;当蜗杆为_____蜗杆时,在主平面内蜗杆蜗轮的啮合相当于渐开线齿条齿轮的啮合。
9. 蜗杆的_____向、蜗轮的_____面的模数与压力角是标准值。
10. 蜗杆与蜗轮在节圆处的相对滑动速度用符号_____表示,它对啮合处的_____、_____和_____都有很大的影响。
11. 蜗轮的材料应选用_____;因其_____性能好,对低速轻载的传动,也可采用_____或_____。

二、选择题

1. 与齿轮传动相比较,_____不能作为蜗杆传动的优点。
   A. 传动平稳,噪声小　　　　　　　　B. 传动效率高
   C. 可产生自锁　　　　　　　　　　　D. 传动比大
2. 阿基米德圆柱蜗杆与蜗轮传动时,蜗杆的_____模数,蜗轮的_____模数,应符合标准值。
   A. 法面　　　　　　　　B. 端面　　　　　　　　C. 中间平面
3. 起吊重物用的手动蜗杆传动,宜采用_____的蜗杆。
   A. 单头、小导程角　　　　　　　　　B. 单头、大导程角
   C. 多头、小导程角　　　　　　　　　D. 多头、大导程角

4. 蜗杆直径 d_1 的标准化是为了_____。
   A. 有利于测量
   B. 有利于蜗杆加工
   C. 有利于实现自锁
   D. 有利于蜗轮滚刀的标准化

5. 蜗轮常用材料是_____。
   A. 40Cr
   B. GCr15
   C. ZCuSn10P1
   D. LY12

6. 用_____计算蜗杆传动比是错误的。
   A. $i=\omega_1/\omega_2$
   B. $i=z_2/z_1$
   C. $i=n_1/n_2$
   D. $i=d_1/d_2$

7. 提高蜗杆传动效率的最有效方法是_____。
   A. 增大模数 m
   B. 增加蜗杆头数 z_1
   C. 增大直径系数 q
   D. 减小直径系数 q

8. 闭式蜗杆传动的主要失效形式是_____。
   A. 蜗杆断裂
   B. 蜗轮轮齿折断
   C. 磨粒磨损
   D. 胶合、疲劳点蚀

三、简答题及综合题

1. 当两轴交角 $\Sigma=90°$ 时，蜗杆传动的正确啮合条件是什么？

2. 什么是蜗杆的直径系列？

3. 蜗杆传动受力分析时各力大小、方向如何确定？蜗杆与蜗轮力的关系如何？

4. 蜗杆传动的传动比等于什么？为何不能表示为 $i=d_2/d_1$？

5. 判断图 8-1 所示传动系统的旋转方向或螺旋线方向。

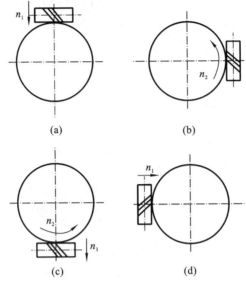

图 8-1

6. 判断图 8-2 所示系统的 F_{t1}、F_{t2}、F_{x1}、F_{x2}、F_{r1}、F_{r2} 的方向。

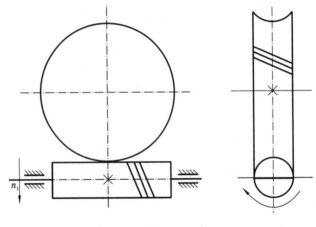

图 8-2

7. 闭式蜗杆传动的功率损耗由哪几部分组成？其中主要是哪种损耗？

8. 蜗轮的结构有哪几种？分别适用于什么情况？

9. 标准蜗杆传动的蜗杆轴向齿距 $p_{x1}=12.566$ mm，蜗杆线数 $z_1=2$，蜗杆齿顶圆直径 $d_{a1}=48$ mm，蜗轮齿数 $z_2=40$。试确定其模数 m、蜗杆直径 d_1、蜗轮螺旋角 β、蜗轮分度圆直径 d_2 和中心距 a，绘制其啮合图，未给尺寸自定。

10. 设计单级阿基米德蜗杆减速器。已知输入轴传递功率 $P_1=4.7$ kW，转速 $n_1=1440$ r/min，传动比 $i=24$，单向传动，载荷平稳，长期连续工作。

11. 图 8-3 所示为圆锥齿轮传动和蜗杆传动组成的轮系，小锥齿轮 1 为主动轮，输入轴转向 n_1 为图示方向。求：
（1）要求蜗杆轴Ⅱ所受的轴向力最小，确定蜗轮的旋向和转向。
（2）在图中画出蜗杆和大锥齿轮上所受的各分力的方向。

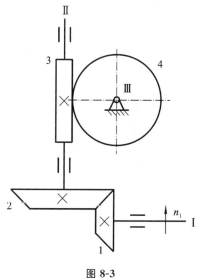

图 8-3

12. 图 8-4 所示为蜗杆传动和斜齿圆柱齿轮传动。已知蜗杆 1 主动，右旋，求：

(1) 齿轮 4 的转动方向；

(2) 在图中画出蜗轮 2 和齿轮 3 上所受的各分力的方向。

(3) 若要求蜗轮 2 和齿轮 3 的轴向力方向相反，在传动结构不变的条件下，用文字说明如何改变设计最方便。

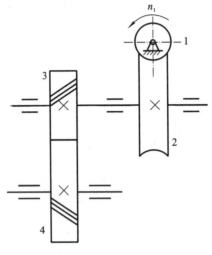

图 8-4

13. 图 8-5 所示减速系统由直齿圆锥齿轮传动、斜齿圆柱齿轮传动和蜗杆传动所组成。试按作用在同一轴上的两啮合分力方向相反的要求，确定并标注：

(1) 两个斜齿圆柱齿轮、蜗杆和蜗轮的螺旋线方向；

(2) 各轴转向；

(3) 齿轮 2 和蜗杆 5 所受各啮合分力的方向。

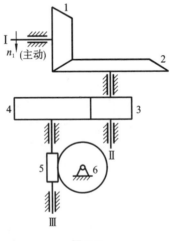

图 8-5

参考答案

第 9 章　工程中的轮系

一、填空题

1. 由一系列齿轮所组成的传动系统,称为_____,它一般分为_____和_____两类。
2. 轮系主要应用在以下几方面:_____,_____,_____,_____。
3. 轮系中主动轴与最后一根从动轴的转速之比,称为该轮系的_____。若用 i_{kl} 表示,则下标 k 表示_____动轮,l 表示_____动轮。
4. 计算轮系传动比时,除计算其数值大小,还要判断其方向。首末两轮转向相同为_____号,转向相反为_____号。
5. 在定轴轮系中,只改变传动比符号而不改变传动比大小的齿轮,称为_____。
6. 惰轮的作用有两个:改变_____;增大_____。

二、选择题

1. 一对外啮合圆柱齿轮传动,其转向相反,故传动比为_____;而一对内啮合圆柱齿轮传动,其转向相同,故传动比为_____。
   A. 正　　　　　　　　　　　　B. 负
2. 定轴轮系总传动比等于组成该轮系的各对齿轮传动比的连乘积,其数值等于所有_____轮齿数的连乘积与所有_____轮齿数的连乘积之比。
   A. 主动　　　　　　　　　　　B. 从动
3. 对于平行轴定轴轮系,其总传动比的正负号取决于该轮系中外啮合的齿轮对数 m,m 是偶数时为正,首末两轮转向_____。
   A. 相反　　　　　　　　　　　B. 相同
4. 惰轮在计算总传动比数值时_____计入,在决定总传动比正负号时_____计入。
   A. 不需要　　　　　　　　　　B. 需要

三、简答题及综合题

1. 试用箭头标明图 9-1 所示各轮的转向,并指出哪一个是惰轮。

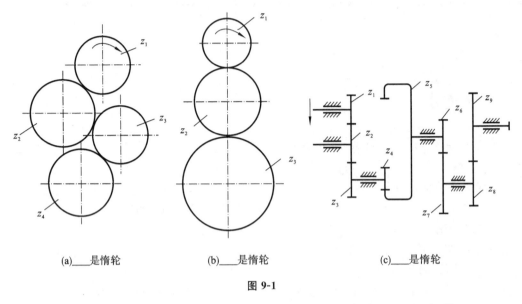

(a)____是惰轮　　(b)____是惰轮　　(c)____是惰轮

图 9-1

2. 如图 9-2 所示,已知:$z_1=16$,$z_2=32$,$z_{2'}=20$,$z_3=40$,蜗杆 $z_{3'}=2$,蜗轮 $z_4=40$,$n_1=800$ r/min。试求蜗轮的转速 n_4 并确定各轮的回转方向。

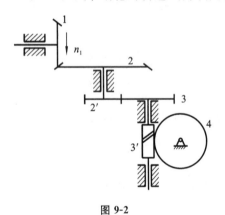

图 9-2

3. 试确定下列定轴轮系的传动比，并确定其末端转动或移动方向。

（1）卷扬机传动系统如图 9-3(a)所示，求蜗轮转速及重物 G 的移动速度及方向。

已知：$z_1=16, z_2=34, z_3=19, z_4=40, z_5=2, z_6=48, D=180$ mm。

（2）滚齿机工作台传动系统如图 9-3(b)所示，滚刀 A 转一周，轮坯 B 转一齿，求 i_{75}。

已知：$z_1=15, z_2=28, z_3=15, z_4=35, z_8=1, z_9=40, z_B=64$（被加工齿轮）。

（3）磨床砂轮架进给机构如图 9-3(c)所示，求砂轮架移动的速度和方向。

已知：$z_1=27, z_2=54, z_3=38, z_4=57$；丝杠螺距 $s=3$ mm，旋向为右旋。

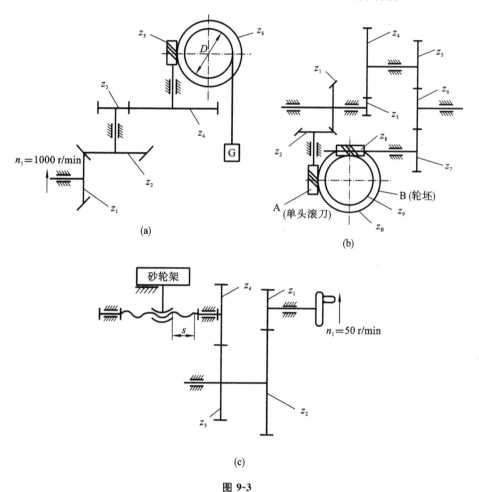

图 9-3

4. 图 9-4 所示轮系中，蜗杆 1 为双头左旋蜗杆，即 $z_1=2$，转向如图中箭头所示。蜗轮 2 的齿数为 $z_2=50$，蜗杆 $2'$ 为单头右旋蜗杆，即 $z_{2'}=1$，蜗轮 3 的齿数为 $z_3=40$，其余各轮齿数为 $z_{3'}=30, z_4=20, z_{4'}=26, z_5=18, z_{5'}=46, z_6=16, z_7=22$。求 i_{17}。

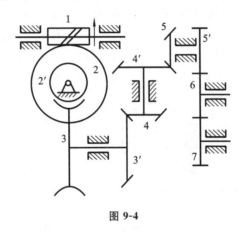

图 9-4

第3篇 工程设计中的支撑性

第10章 工程中的轴承

一、填空题

1. 按轴承工作时的摩擦性质不同,轴承可分为_____轴承和_____轴承。
2. 滚动轴承的四个基本组成部分是_____、_____、_____、_____。
3. 按轴承所承受的载荷方向,滚动轴承可分为_____轴承、_____轴承和_____轴承。
4. 6205轴承是_____轴承,轴承内径为_____;30209轴承是_____轴承,轴承内径为_____。
5. 某轴承代号为7215AC,其中15代表_____,2代表_____,7代表_____,AC代表_____。
6. 滚动轴承的正常失效通常是_____和_____,强度计算时前者要计算轴承的_____,后者要计算轴承的_____。
7. 轴承润滑的目的是_____,同时润滑还起_____的作用,从而提高轴承的_____和_____。

二、选择题

1. 滚动轴承基本代号中,尺寸系列代号是由两位数字表示的,前者代表轴承的_____系列,后者代表轴承的_____系列。
   A. 滚动体的数目　　　　　B. 内径　　　　　C. 直径
   D. 载荷角　　　　　　　　E. 宽(高)度
2. 绝大多数滚动轴承都是因为_____而报废的。
   A. 塑性变形　　　　　　　B. 过度磨损　　　C. 疲劳点蚀
3. 滚动轴承内部产生的附加轴向力是由于_____而产生的。在计算_____所受轴向载荷时,应将该附加轴向力考虑进去。
   A. 受力方向不同　　　　　B. 轴承结构上存在接触角
   C. 受轴向力过大　　　　　D. 能承受轴向载荷的向心轴承
   E. 角接触轴承　　　　　　F. 圆锥滚子轴承
4. 若一滚动轴承的基本额定寿命为537000转,则该轴承所受的当量动载荷应_____基本额定动载荷。
   A. 大于　　　　　　　　　B. 小于　　　　　C. 等于
5. 推力球轴承不适用于高转速,这是因为高速时_____,从而使轴承寿命严重下降。

A. 冲击过大　　　　　　　　　　B. 滚动体离心力过大
　　C. 滚动阻力大　　　　　　　　　D. 圆周线速度过大

　　6. 不同类型的滚动轴承所能承受的外载荷不同，通常深沟球轴承承受_____，圆柱滚子轴承承受_____，角接触球轴承承受_____，推力球轴承承受_____。
　　A. 径向载荷　　　　　　　　　　B. 轴向载荷
　　C. 径向载荷和较小的轴向载荷　　D. 径向载荷和较大的轴向载荷

　　7. 滚动轴承的寿命计算公式 $L=(C/P)^\varepsilon$ 中，ε 值的大小与_____有关。
　　A. 滚动体的大小　　　　　　　　B. 滚动体的形状
　　C. 载荷的大小　　　　　　　　　D. 载荷的方向

　　8. 载荷一定的深沟球轴承的工作转速由 350 r/min 变为 700 r/min 时，其寿命变化为_____。
　　A. L_h 增大为 $2L_h$（时）　　　　B. L_r 下降为 $L_r/2$（转）
　　C. L_r 增大为 $2L_r$（转）　　　　D. L_h 下降为 $L_h/2$（时）

　　9. 同时承受径向载荷及轴向载荷的高速支点选用_____较合理。
　　A. 圆柱滚子轴承　　　　　　　　B. 圆锥滚子轴承
　　C. 角接触球轴承　　　　　　　　D. 推力球轴承

　　10. 滑动轴承验算 p 值的目的是限制轴承工作表面的单位压力以防止_____；验算 pv 值的目的是限制轴承的_____，以防止_____。
　　A. 轴承的塑性变形　　B. 轴承的过度磨损　　C. 轴承的胶合
　　D. 轴承的疲劳点蚀　　E. 轴承的温升

三、简答题及综合题

　　1. 说明下列轴承代号的含义及其适用场合：6205，N208/P4，7207AC/P5，30209。

　　2. 试通过查阅手册比较 6008、6208、6308、6408 轴承的内径 d、外径 D、宽度 B 和额定动载荷 C，并说明尺寸系列代号的意义。

　　3. 滚动轴承的基本额定动载荷 C 和基本额定静载荷 C_0 在概念上有何不同，分别针对何种失效形式？

4. 试说明角接触轴承派生轴向力 F_s 产生的原因及其方向的判断方法。

5. 在进行滚动轴承组合设计时应注意考虑哪些问题？

6. 轴承常用密封装置有哪些？各适用于什么场合？

7. 已知一起重机卷筒采用剖分式向心滑动轴承，轴承承受的径向载荷 $F_r=10^6$ N，轴颈直径 $d=80$ mm，转速 $n=12$ r/min，轴瓦选用的材料为 ZCuAl10Fe3，试校核该轴承是否满足工作能力要求。

8. 某机械上采用的滑动轴承所承受的径向载荷 $F_r=60000$ N，轴颈直径 $d=70$ mm，轴的转速 $n=120$ r/min，工作平稳，试按非液体摩擦状态设计此轴承。

9. 写出滚动轴承寿命计算公式并说明公式中各符号的意义和单位是什么。若转速为 n (r/min),寿命 L 和 L_h 之间的关系是什么?试分析:

(1) 转速一定的 6205 轴承当量动载荷由 P 增加为 $2P$,寿命是否由 L 下降为 $L/2$?

(2) 当量动载荷 P 一定的 6205 轴承,当工作转速由 n 增为 $2n$ ($2n$ 小于轴承极限转速)时,寿命 L 和 L_h 是否有变化?

(3) 在相同转速下的 6205 及 2205 轴承,若当量动载荷 P 相同($P<C$),额定寿命 L 哪个大?为什么?

10. 某设备上选用 30305 轴承:

(1) 当量动载荷 $P=6200$ N,工作转速 $n=730$ r/min,试计算轴承寿命 L_h。

(2) 当量动载荷 $P=6200$ N,若要求 $L_h>1000$ h,最高转速是多少?

(3) 工作转速 $n=730$ r/min,若要求 $L_h>1000$ h,最高当量动载荷是多少?

11. 某转轴上装有一直齿圆柱齿轮。已知齿轮所受的径向力 $F_r=2000$ N,切向力 $F_t=5000$ N,齿轮在两轴承间对称布置,工作时有中等冲击,转速 $n=1000$ r/min,要求工作寿命 $L_h>10000$ h,试问选用 6210 轴承是否可行?

12. 直齿轮轴组件选用一对深沟球轴承支承,轴颈直径 $d=35$ mm,转速 $n=1450$ r/min,每个轴承受径向载荷 $F_r=2100$ N,载荷平稳,预期寿命 $L_h'=8000$ h,试选择轴承型号。

13. 30208 轴承的额定动载荷 $C=63000$ N。

(1) 若当量动载荷 $P=6200$ N,工作转速 $n=750$ r/min,试计算轴承寿命 L_h。

(2) 若工作转速 $n=960$ r/min,轴承预期寿命 $L_h'=10000$ h,求允许的最大当量动载荷。

14. 某 6308 轴承工作情况如表 10-1 所示,设每天工作 8 h,试问轴承能工作几年?(每年按 300 天计算,有轻度冲击($f_P=1.2$))

表 10-1　某 6308 轴承工作情况

工作时间分配 b/(%)	径向载荷 F_r/N	转速 n/(r/min)
30	2000	1000
15	4500	300
55	8900	100

15. 已知作用在摇臂吊车立柱上的最大垂直载荷 $F_a=50000$ N,立柱转速 $n=3$ r/min,立柱重量 $W=20000$ N,立柱端的轴颈直径 $d=60$ mm,试选择摇臂吊车立柱的推力球轴承。

16. 一对 7210B 轴承如图 10-1 所示,轴承分别承受径向载荷 $F_{r1}=7200$ N、$F_{r2}=4000$ N,轴上作用轴向载荷 F_a。试求下列情况下各轴承的附加轴向力 F_s 及轴向载荷 F_{x1} 和 F_{x2}。

(1) $F_a=3500$ N;　(2) $F_a=1200$ N;　(3) $F_a=0$ N。

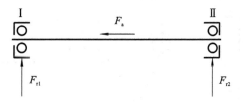

图 10-1

17. 蜗杆轴由一对圆锥滚子轴承支承,两轴承径向反力分别为 $F_{r1}=5000$ N、$F_{r2}=2500$ N,外加轴向力 $F_a=2200$ N,如图 10-2 所示。轴的转速 $n=300$ r/min,轴颈直径 $d=35$ mm,$f_P=1.5$,轴承预期使用寿命 $L_h'=8000$ h,试确定轴承型号。

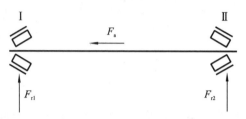

图 10-2

18. 齿轮 1 和带轮 2 在轴上的位置如图 10-3 所示,齿轮上的切向力 $F_t=820$ N,径向力 $F_r=250$ N,带轮作用在轴上的力 $F_Q=1980$ N,轴的转速 $n=1400$ r/min。要求轴承的寿命 $L_h=10000$ h,轴径 $d=40$ mm,试选择滚动轴承类别和型号。

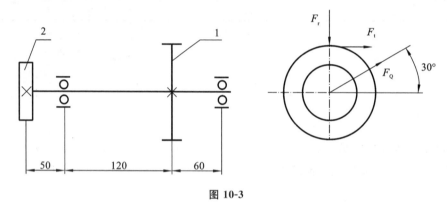

图 10-3

19. 图 10-4 所示的简支梁与悬臂梁用圆锥滚子轴承支承,试分析正装和反装对轴系的刚度有何影响。

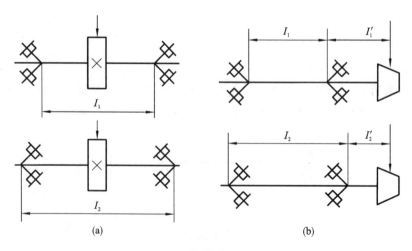

图 10-4

20. 如图 10-5 所示，斜齿圆柱齿轮减速器低速轴的转速 $n=210$ r/min，齿轮上所受的切向力 $F_t=1890$ N，径向力 $F_r=700$ N，轴向力 $F_x=360$ N，轴径 $d=30$ mm，齿轮在轴承间对称布置，轴承预期寿命 $L_h'>10000$ h，$f_P=1.2$，试选择角接触球轴承型号。

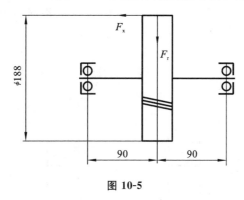

图 10-5

21. 某球轴承的转速 $n=400$ r/min，当量动载荷 $P=5800$ N，求得其基本额定寿命为 7000 h。
(1) 若把可靠度提高到 99%，轴承寿命是多少？
(2) 若轴承寿命分别取为 3700 h、14000 h，轴承可靠度是多少？

22. 某蜗杆轴转速 $n=1440$ r/min，间歇工作，有轻微振动，$f_P=1.2$，常温工作。采用一端固定（一对 7209C 型轴承正安装），一端游动（一个 6209 型轴承）支承。轴承的径向载荷 $F_{r1}=1000$ N（固定端）、$F_{r2}=450$ N（游动端），轴上的轴向载荷 $F_x=3000$ N，要求蜗杆轴承寿命不少于 2500 h。试校核固定端轴承是否满足寿命要求。

23. 如图 10-6(a)所示,箱体中安装一个齿轮轴,箱体内壁距离为 100 mm,安装轴承处箱体厚度为 35 mm。齿轮轴尺寸如图 10-6(b)所示,齿轮在箱体内对称布置,根据轴的强度计算,安装轴承处轴径为 30 mm,齿轮在运转中受中等冲击,温度变化不大。齿轮承受切向力 $F_t=1980$ N,径向力 $F_r=F_t\tan20°$,$n=960$ r/min,带轮上轴向力 $F_Q=960$ N(F_Q 与 F_r 同方向),要求轴承寿命 $L_h=10000$ h。

(1) 选择轴承型号;

(2) 确定轴承配合;

(3) 选择轴承的固定方法;

(4) 绘制装配图。

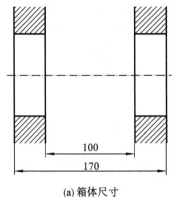

(a) 箱体尺寸

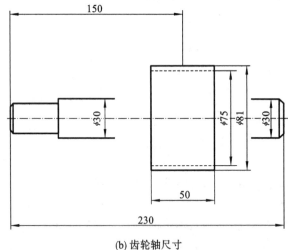

(b) 齿轮轴尺寸

图 10-6

24. 根据已给的基准制、公差等级及基本偏差代号,在减速箱部件装配图(见图 10-7)中标注尺寸和配合代号。

(1) 减速箱孔和滚动轴承外圈:公称尺寸为 φ50,采用基轴制过渡配合;减速箱孔的公差等级为 7 级,基本偏差代号为 K,滚动轴承外径公差等级为 6 级。

(2) 轴与滚动轴承内圈:公称尺寸为 φ25,采用基孔制过渡配合,轴的公差等级为 6 级,基本偏差代号为 k,滚动轴承内径公差等级为 7 级。

(3) 齿轮孔径与轴:公称尺寸为 φ30,采用基孔制间隙配合,轴的公差等级为 6 级,基本偏差代号为 g,孔的公差等级为 7 级。

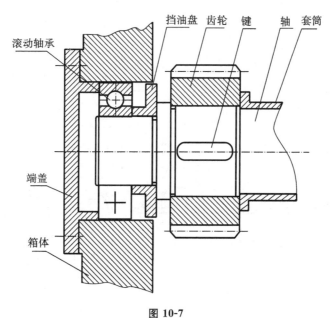

图 10-7

参考答案

第 11 章　工程中的轴

一、填空题

1. 按轴的轴线形状不同，轴可分为_____轴和_____轴。
2. 只承受弯矩作用的轴称为_____，只承受转矩作用的轴称为_____，既承受弯矩又承受转矩作用的轴称为_____。
3. 根据图 11-1 所示各轴的动力来源和受载性质，_____图所示的轴是转动心轴，_____图所示的轴是传动轴，_____图所示的轴是转轴。

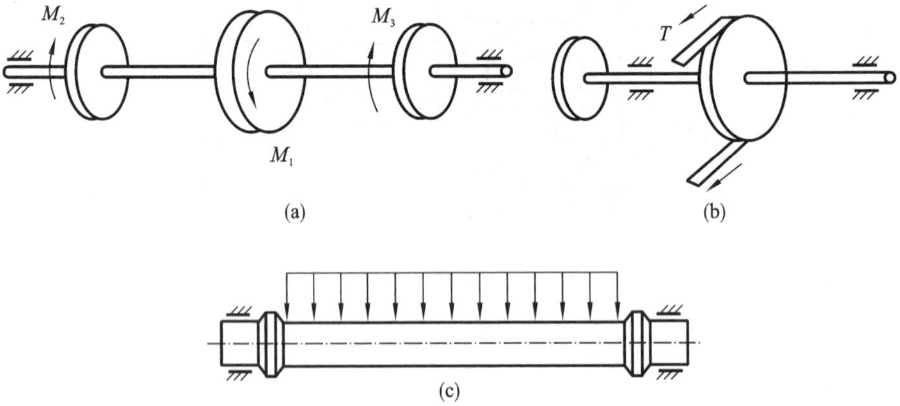

图 11-1

4. 在图 11-2 所示的各结构中，_____图所示的结构使轴上零件只作周向固定；_____图所示的结构使轴上零件只作轴向固定；_____图所示的结构使轴上零件作轴向和周向固定。
5. 在图 11-2 中，图(a)中齿轮 1 是靠_____和_____作_____固定；图(b)中轮 1 是靠_____作_____固定；图(c)中带轮 1 是靠_____和_____作_____固定；图(d)中轮 1 是靠_____作_____固定；图(e)中轮 1 是靠_____作_____和_____固定；图(f)中轮 1 是靠_____作_____和_____固定。
6. 按许用扭转切应力估算转轴轴径的公式是_____，该轴径是指轴的_____处直径。
7. 在轴的结构设计中，增大轴的过渡圆角半径，是为了_____。

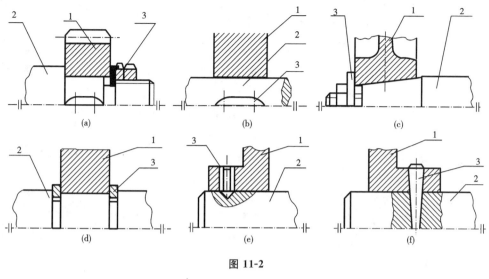

图 11-2

8. 在轴的结构设计中,为了减小应力集中,应尽可能_____阶梯的变化次数和变化幅度,且在阶梯过渡处应采用尽可能大的_____。

9. 自行车的中轴是_____轴,前轮轴是_____轴。

二、选择题

1. 当采用轴肩定位轴上零件时,零件轴孔的倒角应_____轴肩的过渡圆角半径。
   A. 大于 B. 小于
   C. 大于或等于 D. 小于或等于

2. 定位滚动轴承的轴肩高度应_____滚动轴承内圈厚度,以便于拆卸轴承。
   A. 大于 B. 小于
   C. 大于或等于 D. 等于

3. 为了保证轴上零件的定位可靠,应使其轮毂宽度_____安装轮毂的轴段长度。
   A. 大于 B. 小于 C. 等于 D. 大于或等于

4. 增大轴在阶梯过渡处的圆角半径的作用是_____。
   A. 使零件轴向定位比较可靠
   B. 使轴的加工方便
   C. 降低应力集中,提高轴的疲劳强度
   D. 使轴和轴上零件很好地贴合

5. 按许用弯曲应力校核轴径的公式 $d \geqslant \sqrt[3]{\dfrac{M_d}{0.1[\sigma_{-1b}]}}$ 中,轴径是指_____。
   A. 装轴承处的直径 B. 轴的最小直径
   C. 轴上危险截面处的直径

6. 在轴的估算公式中,系数 A_0 是考虑_____而确定的系数。
   A. 轴的材料不同 B. 轴的材料和承受弯矩的大小
   C. 转矩性质

7. 在按许用弯曲应力校核轴径的公式 $M_d = \sqrt{M^2 + (\alpha T)^2}$ 中，α 是根据_____而确定的系数。

　　A. 弯矩大小　　　　　　　　B. 转矩大小　　　　　　　　C. 转矩性质

8. 在做轴的强度校核计算时，对于一般转轴，轴的弯曲应力应按_____考虑，而扭转剪应力通常按_____考虑。

　　A. 脉动循环变应力　　　　　　　B. 静应力

　　C. 非对称循环变应力　　　　　　D. 对称循环变应力

9. 当轴上安装的零件要承受轴向力时，采用_____来进行轴向定位，所能承受的轴向力较大。

　　A. 圆螺母　　　　　　　　B. 紧钉螺母　　　　　　　　C. 弹性挡圈

10. 若套装在轴上的零件的轴向位置需要任意调节，常用的周向固定方法是_____。

　　A. 键连接　　　　　　　　B. 销钉连接

　　C. 加紧螺栓连接　　　　　D. 紧配合连接

11. 轴环的用途是_____。

　　A. 作为轴加工时的定位面　　　　B. 提高轴的强度

　　C. 提高轴的刚度　　　　　　　　D. 使轴上零件获得轴向固定

12. 最常用来制造轴的材料是_____。

　　A. 20 钢　　　　B. 45 钢　　　　C. 40Cr 钢　　　　D. 38CrMoAlA 钢

三、简答题及综合题

1. 分析图 11-3(a)所示传动装置中各轴所受的载荷(轴的自重不计)，并说明各轴的类型。若将卷筒结构改为图 11-3(b)(c)所示形式，分析卷筒轴的类型。

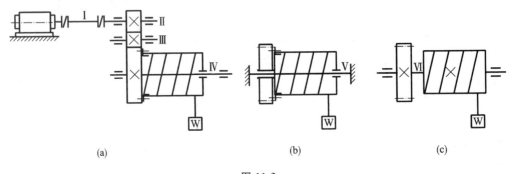

图 11-3

2. 图 11-4 所示为带式输送机的两种传动方案,若工作情况相同,传递功率一样,试分析比较：

（1）按方案(a)设计的单级齿轮减速器,如果改用方案(b),减速器的哪根轴的强度要重新验算？为什么？

（2）若方案(a)中的 V 带传动和方案(b)中的开式齿轮传动的传动比相等,两方案中电动机轴所受的载荷是否相同？为什么？

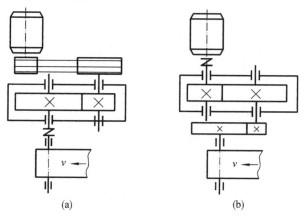

图 11-4

3. 齿轮减速器如图 11-5 所示。已知 $z_1=23, z_2=70, z_3=22, z_4=79$,由高速轴输入功率 $P=30$ kW,转速 $n_1=610$ r/min,轴的材料为 45 钢,轴承的效率为 99％,齿轮的效率为 95％,试初估这三根轴的直径。

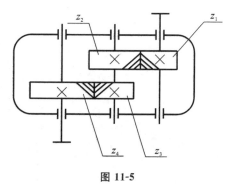

图 11-5

4. 某单级斜齿圆柱齿轮减速器,经初步结构设计,确定输出轴的结构尺寸如图 11-6 所示,已知轴上齿轮分度圆直径 $d=280$ mm,作用在齿轮上的切向力 $F_t=5000$ N,径向力 $F_r=2072$ N,轴向力 $F_x=1470$ N,传动不逆转,轴的材料为 45 钢,调质处理,试校核轴的强度。

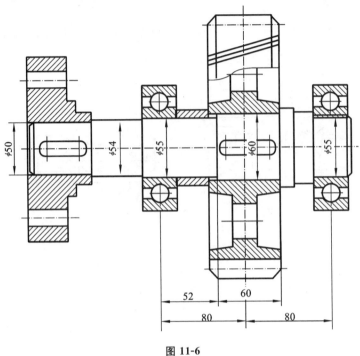

图 11-6

5. 某轴如图 11-7 所示,轴端装直齿轮 I,其切向力 $F_t=4800$ N,径向力 $F_r=1730$ N,齿轮的孔径初步设计为 60 mm。另装两链轮 II,链轮作用在轴上的力 $F_a=3420$ N,链轮的孔径初步设计为 70 mm。采用 6313 轴承。该轴传递功率 $P=5.2$ kW,轴的转速 $n=42$ r/min,轴的材料选用 45 钢。

(1) 试根据轴上已知的零件的位置和尺寸,设计此轴的结构;
(2) 试校核所设计轴的强度。

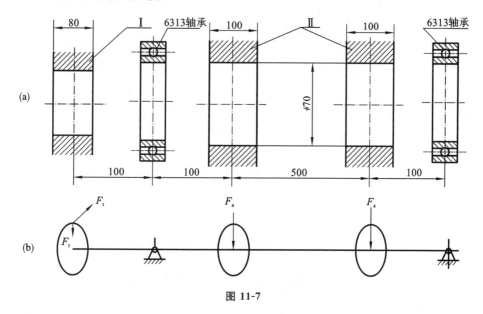

图 11-7

6. 试指出图 11-8 所示各结构图中的错误，并画出正确的结构图。

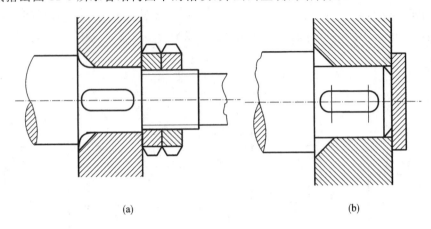

(a)　　　　　　　　　　(b)

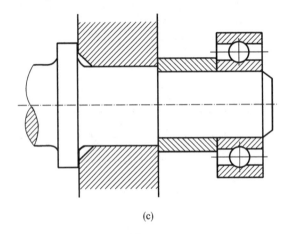

(c)

图 11-8

7. 分析图 11-9 所示的轴系结构，指出图中结构错误，并画出正确的图。

（1）图 11-9(a)所示的直齿轮、轴，齿轮采用润滑油润滑，轴承采用润滑脂润滑。

（2）图 11-9(b)所示的蜗轮轴、蜗轮、蜗杆及轴承均采用润滑油润滑。

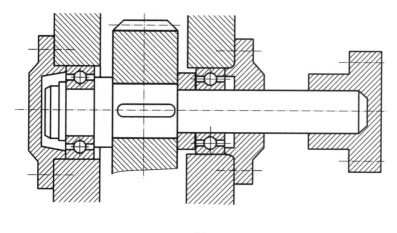

(a)

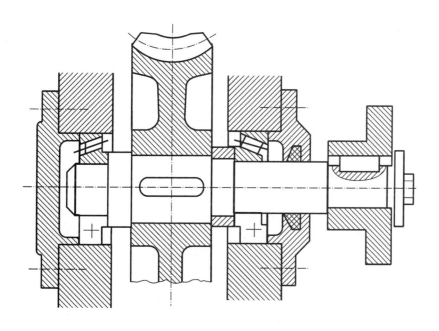

(b)

图 11-9

参考答案

第4篇 工程设计中的连接性

第 12 章　工程中的螺纹连接

一、选择题

1. 螺纹的公称直径是指螺纹的_____。
   A. 大径　　　　　　　　　B. 中径　　　　　　　　　C. 小径

2. 当两个被连接件之一太厚，不宜制成通孔，且连接需要经常拆卸时，一般采用_____连接。
   A. 螺栓　　　　　　　　　B. 螺钉　　　　　　　　　C. 双头螺柱

3. 在螺纹连接常用的防松方法中，当承受较大冲击或振动载荷时，应选用_____防松。
   A. 对顶螺母　　　　　　　B. 弹簧垫圈　　　　　　　C. 开口销与六角开槽螺母

4. 下列三种螺纹中，自锁性能好的是_____螺纹。
   A. 三角形　　　　　　　　B. 梯形　　　　　　　　　C. 矩形

5. 按牙型分，常用螺纹中传动效率最高的是_____螺纹。
   A. 三角形　　　B. 梯形　　　C. 锯齿形　　　D. 矩形

6. 受横向载荷的普通螺栓连接，其强度条件 $\dfrac{1.3F_s}{\pi d_1^2/4} \leqslant [\sigma]$ 中的 1.3 是考虑了_____。
   A. 载荷性质　　　　　　　B. 拧紧螺母时扭矩的作用
   C. 连接可靠系数

7. 铰制孔用螺栓连接所承受的载荷主要为_____载荷。
   A. 横向　　　　　　　　　B. 轴向　　　　　　　　　C. 横向和轴向

8. 铰制孔用螺栓承受横向载荷时，应进行螺栓的_____强度计算及螺杆与孔壁的_____强度计算。
   A. 拉伸　　　B. 剪切　　　C. 扭转　　　D. 挤压

9. 受横向载荷的螺栓如图 12-1 所示，其预紧力 $F_{Q0} = $_____。
   A. $\dfrac{1.5F}{fm}$　　　B. $\dfrac{F}{fm}$　　　C. $\dfrac{cF}{fm}$

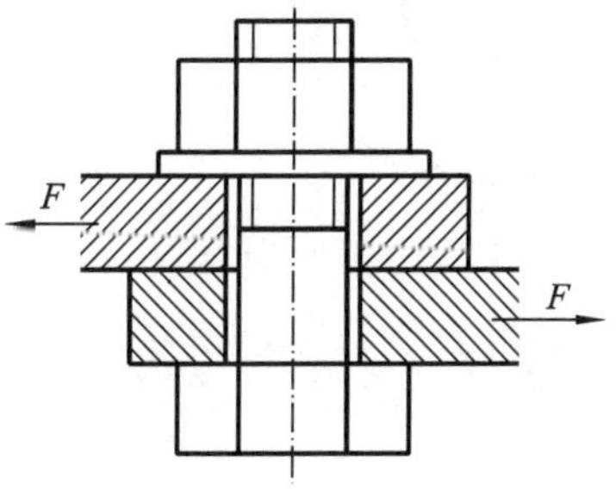

10. 公称直径为 20 mm 的粗牙普通螺纹孔，代号是_____。
    A. M20×1.5-7g　　　　　B. M20×2-7h
    C. M20-7H

图 12-1

11. 螺纹连接主要用于_____的场合。
   A. 被连接件较厚,又不需经常拆卸
   B. 被连接件不太厚,经常拆卸
   C. 被连接件较厚,需经常拆卸

二、简答题及综合题

1. 为什么螺纹连接通常要采用防松措施？防松的原理主要有哪几种？常用的防松装置有哪些？

2. 试计算 M20、M20×1.5 螺纹的升角,并指出哪种螺纹的自锁性较好。

3. 起重吊钩如图 12-2 所示,已知吊钩螺纹直径 $d=36$ mm,螺纹小径 $d_1=31.67$ mm,吊钩材料为 35 钢,$\sigma_s=315$ MPa,取安全系数 $S=4$。试计算吊钩的最大起重量。

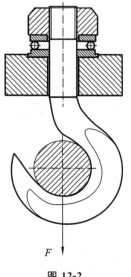

图 12-2

4. 如图 12-3 所示，用两个 M10 螺栓固定的拉环，连接接合面之间的摩擦系数 $f=0.3$，螺栓性能等级为 4.8，可靠性因子 $K=1.2$，控制预紧力。求此连接所能允许的拉力 F。

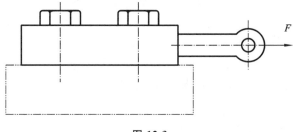

图 12-3

5. 如图 12-4(a)所示，三块钢板采用两个普通螺栓连接，传递的横向载荷 $F=10000$ N（静载荷），连接螺栓材料为 45 钢，被连接件接合面之间的摩擦系数 $f=0.15$，不控制预紧力。

（1）试确定螺栓直径。

（2）若采用铰制孔用螺栓连接，如图 12-4(b)所示，被连接件材料为 HT150。试确定螺栓直径。

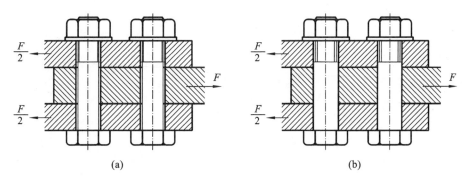

图 12-4

6. 一刚性凸缘联轴器用 6 个 M10 的铰制孔用螺栓(螺栓 GB/T 27—2013)连接,结构尺寸如图 12-5(a)所示,两半联轴器材料为 HT200,其许用挤压应力 $[\sigma_p]_1 = 80$ MPa,螺栓材料的许用切应力 $[\tau] = 120$ MPa,许用挤压应力 $[\sigma_p]_2 = 240$ MPa,许用拉应力 $[\sigma] = 150$ MPa。试求:

(1) 该螺栓组连接允许传递的最大转矩 T_{max}。

(2) 设两半联轴器间的摩擦系数 $f = 0.16$,可靠性因子 $K = 1.2$。若传递的最大转矩 T_{max} 不变,改用普通螺栓连接,如图 12-5(b)所示,试计算螺栓直径,并确定其公称长度,写出螺栓标记。

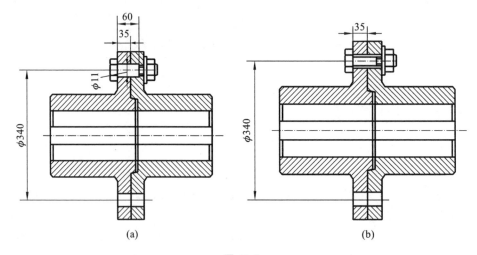

图 12-5

7. 如图 12-6 所示，某机构上拉杆的端部采用粗牙普通螺纹连接（没有预紧力）。已知拉杆所受的最大载荷 $F=10$ kN，载荷稳定，拉杆材料为 Q235，试确定拉杆螺纹的公称直径。取 $[\sigma]=[\sigma_s]/(1.2 \sim 1.7)$。

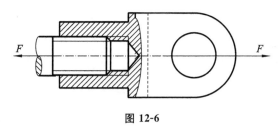

图 12-6

8. 图 12-7 所示的螺栓组连接中，已知横向外载荷 $F=32000$ N（静载荷），螺栓材料为 45 钢，接合面间摩擦系数 $f=0.15$，两排共 6 个螺栓，不控制预紧力。试确定螺栓直径。

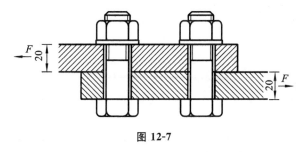

图 12-7

9. 在题 8 中,若被连接件材料为铸铁(HT150),螺栓材料仍为 45 钢,改为铰制孔用螺栓连接(见图 12-8),试确定螺栓尺寸。

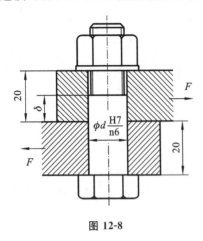

图 12-8

10. 如图 12-9 所示,用 4 个 M16 普通螺栓连接钢板,作用在钢板上的横向外力 $F=16000$ N,接合面之间的摩擦系数 $f=0.15$,为使连接可靠,取防滑安全系数 $c=1.2$,已知普通螺栓的许用应力$[\sigma]=210$ MPa。试分析:

(1) 该螺栓连接是否安全可靠;

(2) 如果不安全,请你想出修改的办法。

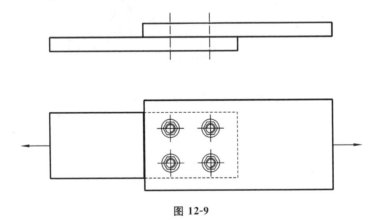

图 12-9

参考答案

第 13 章 工程中的键连接

一、简答题

1. 工程中常用的键有哪几种类型？

2. 键的尺寸如何选择？

3. "键 18×100 GB/T 1096—1979"表示什么含义？

二、综合题

1. 已知：轴材料 45 钢，轴孔直径 ϕ35 mm，联轴器材料 Q235A，键材料 45 钢，轮毂长 36 mm，载荷轻微冲击。
   (1) 选择键的尺寸。
   (2) 校核键的强度。

2. 如图 13-1 所示的结构中,已知:轴材料 45 钢,轴孔直径 $\phi 45$ mm,联轴器材料 Q235A,键材料 45 钢,键宽 $b=14$ mm,键高 $h=9$ mm,键长 $L=45$ mm,载荷轻微冲击。

求:按照键强度计算,确定联轴器承受的转矩。

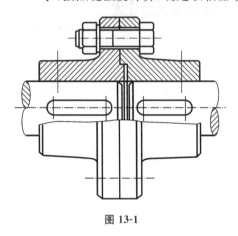

图 13-1

3. 图 13-2 所示的轴系结构图中,拟选用 6200 型轴承支承该轴。已知装齿轮处轴头直径 $d=35$ mm,试根据结构要求确定各段轴径尺寸,选定轴承型号,确定键连接有关尺寸,并按已知尺寸和自定尺寸,以 1∶2 的比例重新绘出轴系结构图并标注尺寸。

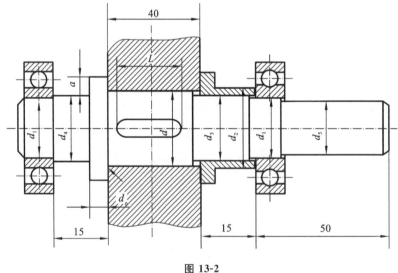

图 13-2

参考答案

第14章 工程中的联轴器

一、填空题

1. 联轴器是机械传动中常用的部件,主要用来_____,使之共同旋转并传递转矩,在某些场合也可用作_____。
2. 生产中常用的联轴器有_____、_____、_____、_____、_____、_____、_____等。
3. 根据联轴器内部是否具有_____元件,可将联轴器分为_____和_____两类。
4. 刚性固定式联轴器主要用于_____。
5. 刚性可移式联轴器根据所能补偿位移的方向不同,可补偿两轴间的_____位移、_____位移、_____位移、_____位移。
6. 刚性可移式齿轮联轴器可补偿两轴间的_____位移、_____位移、_____位移。

二、简答题及综合题

1. 选用联轴器应该考虑哪些因素?

2. 在下列工况下,选择哪类联轴器较好?试举出一两种联轴器的名称。
(1) 载荷平稳,冲击轻微,两轴易对中,同时希望寿命较长。
(2) 载荷比较平稳,冲击不大,但两轴轴线具有一定程度的相对偏移。
(3) 载荷不平稳且具有较大的冲击和振动。
(4) 机器在转动过程中载荷较平稳,但可能产生很大的瞬时过载,导致机器损坏。

3. 在联轴器和离合器计算中,引入工况系数 K 是为了考虑哪些因素的影响?

4. 一皮带运输机如图 14-1 所示,试为减速器与鼓轮之间的连接选择一刚性联轴器。已知减速器输出轴传递的转矩 $T=500$ N·m,输出轴端长 $l_1=120$ mm,轴径 $d_1=50$ mm,鼓轮轴端长 $l_2=120$ mm,轴径 $d_2=55$ mm。选择联轴器后校核螺栓及键连接的强度(校核若有不合格者,请提出改进方案),按所选型号绘制联轴器的装配图。

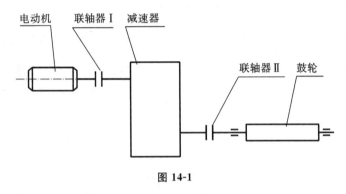

图 14-1

5. 凸缘联轴器有几种对中方法?指出图 14-2 所示凸缘联轴器结构中的设计错误和画法错误。

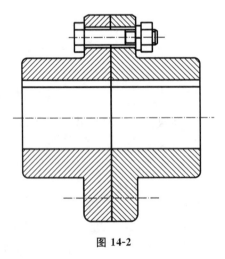

图 14-2

6. 某刮板式运输机由电动机驱动，经联轴器带动齿轮减速器。已知：电动机实际最大输出功率 $P=7.5$ kW，转速 $n=1440$ r/min，输入轴直径为 38 mm，长度为 80 mm，减速器主动轴直径为 38 mm，长度为 70 mm，载荷为中等冲击。试选择连接电动机与减速器的联轴器。

7. 一直流发电机的转速 $n=3000$ r/min，最大功率 $P=20$ kW，试选择联轴器型号（只要求与发电机轴连接的半联轴器满足直径要求）。

参考答案

第5篇　工程设计中的机动性

第 15 章　工程中的平面连杆机构

一、判断题

1. 传动机构出现死点位置和急回运动对机构的工作都是不利的。（　　）
2. 根据图 15-1 中各杆所注尺寸和以 AD 边为机架，判断并指出各铰链四杆机构的名称。
   (a)(　　　　　　)　(b)(　　　　　　)　(c)(　　　　　　)
   (d)(　　　　　　)　(e)(　　　　　　)　(f)(　　　　　　)
   (g)(　　　　　　)

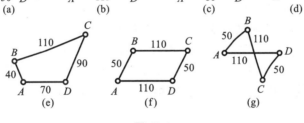

图 15-1

二、填空题

1. 平面连杆机构是由一些刚性构件用_____副和_____副连接组成的，而在铰链四杆机构中，运动副全部是_____副。
2. 在铰链四杆机构中，能做整周连续回转的连架杆称为_____，只能摆动的连架杆称为_____，与连架杆连接的构件称为_____，相对于上述构件静止不动的构件称为_____。
3. 铰链四杆机构的基本形式有：_____机构、_____机构和_____机构。
4. 某些平面连杆机构具有急回特性。从动件的急回特性一般用_____系数表示，即 $K=$_____，式中的 θ 称为_____。
5. 曲柄滑块机构有_____和_____两种形式。前者_____急回特性，后者_____急回特性。

6. 平面连杆机构形式很多，虽然它们的外形和构造很不相同，但它们均可视为由曲柄摇杆机构演化而来，演化的途径有：改变杆件的_____和运动副的_____；改变_____的形状；变换_____。

三、选择题

1. 存在急回运动的平面四杆机构，其_____必然大于零。
   A. 传动角　　　　B. 压力角　　　　C. 摆角　　　　D. 极位夹角
2. 曲柄摇杆机件中，与电动机等速回转的构件一定是_____。
   A. 曲柄　　　　　B. 连杆　　　　　C. 摇杆　　　　D. 机架
3. 下面四杆机构中，具有急回运动特性的是_____机构。
   A. 平行四边形　　　　　　　　　　B. 对心曲柄滑块
   C. 转动导杆　　　　　　　　　　　D. 摆动导杆
4. 铰链四杆机构存在曲柄的必要条件是最短杆与最长杆长度之和_____其他两杆之和，而充分条件是取何杆为机架：当以_____为机架，有两个曲柄；当以_____为机架，有两个摇杆；当以_____为机架，有一个曲柄。
   A. ≤　　　　　B. ≥　　　　　C. <　　　　　D. >
   E. 最短杆相邻边　　　　F. 最短杆　　　　　G. 最短杆对边
5. 铰链四杆机构若最短杆与最长杆长度之和_____其他两杆之和，就一定是双摇杆机构。
   A. >　　　　　B. <　　　　　C. ≥　　　　　D. =　　　　　E. ≤
6. 一曲柄摇杆机构，若曲柄与连杆处于共线位置，则当_____为主动件时，称为机构的死点位置，而当_____为主动件时，称为机构的极限位置。
   A. 曲柄　　　　B. 摇杆　　　　C. 连杆　　　　D. 机架
7. 在平面连杆机构中，死点位置将使机构的_____动件出现卡死或发生运动不确定现象。
   A. 主　　　　　　　　　　　　　B. 从
8. 传动角与压力角的关系是 α+γ=_____。α 越小，γ 就越大，机构的传力性能就越_____，故应限制压力角的_____和传动角的_____。
   A. 0°　　　　B. 90°　　　　C. 180°　　　　D. 差
   E. 好　　　　F. 最小值　　　G. 最大值　　　H. 中间值

四、简答题及综合题

1. 一曲柄摇杆机构，已知 $a=48$ mm，$b=72$ mm，$c=87$ mm，$d=96$ mm，c 杆与 a 杆相对，试画图确定机构的最小传动角（注：取 d 为机架）。

2. 按图 15-2 中所标尺寸,试确定各机构的类型。

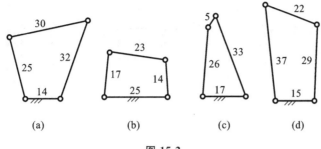

图 15-2

3. 曲柄摇杆机构如图 15-3 所示,摇杆 CD 可上下摆动,$\psi=20°$,$l_{CD}=400$ mm,$l_{AD}=800$ mm,试用图解法求曲柄 AB 和连杆 BC 的长度。

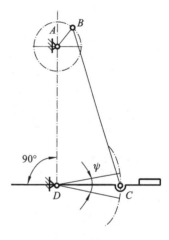

图 15-3

4. 在图 15-4 所示铰链四杆机构中,已知 $L_{BC}=50$ mm,$L_{CD}=35$ mm,$L_{AD}=30$ mm,AD 为机架。

(1) 若此机构为曲柄摇杆机构,且 AB 为曲柄,求 L_{AB} 的最大值;

(2) 若此机构为双曲柄机构,求 L_{AB} 的范围;

(3) 若此机构为双摇杆机构,求 L_{AB} 的范围。

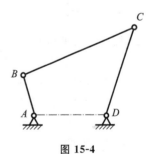

图 15-4

参考答案

第 16 章　工程中的凸轮机构

一、判断题

1. 等加速等减速运动规律会引起柔性冲击,因而这种运动规律适用于中速、轻载的凸轮机构。　　　　　　　　　　　　　　　　　　　　　　　　　（　　）
2. 从动件的位移线图是凸轮轮廓设计的依据。　　　　　　　　　　（　　）
3. 凸轮的实际轮廓是根据相应的理论轮廓设计的。　　　　　　　　（　　）
4. 为了保证凸轮机构传动灵活,必须控制压力角,为此规定了压力角的许用值。（　　）
5. 以尖顶从动件作出的凸轮轮廓为理论轮廓。　　　　　　　　　　（　　）
6. 尖顶从动件凸轮的理论轮廓和实际轮廓相同。　　　　　　　　　（　　）

二、填空题

1. 凸轮机构由 _____ 、_____ 和 _____ 等构件组成,其中 _____ 与 _____ 的接触处以点或线相接触,构成 _____ 副。
2. 凸轮按形状可分为 _____ 、_____ 和 _____ 。
3. 从动件按它与凸轮接触端的结构可分为 _____ 、_____ 、_____ 和 _____ 。
4. 按从动件的运动形式分,凸轮机构有 _____ 从动件式和 _____ 从动件式两大类。
5. 根据维持高副接触的方法不同,凸轮机构分为 _____ 和 _____ 。
6. 常用的从动件运动规律有 _____ 、_____ 、_____ 和 _____ 等。

三、选择题

1. 与连杆机构相比,凸轮机构最大的缺点是 _____ 。
   A. 惯性力难以平衡　　　　　　　　　　B. 点、线接触,易磨损
   C. 设计较为复杂　　　　　　　　　　　D. 不能实现间歇运动
2. 若从动件的运动规律选择为等加速等减速运动、简谐运动或正弦加速度运动,当把凸轮转速提高 1 倍时,从动件的加速度是原来的 _____ 倍。
   A. 1　　　　　　B. 2　　　　　　C. 4　　　　　　D. 8
3. 对于直动推杆盘形凸轮机构来讲,在其他条件相同时,偏置直动推杆与对心直动推杆相比,两者在推程段最大压力角的关系为 _____ 。

A. 偏置比对心大 B. 对心比偏置大
C. 一样大 D. 不一定

4. 凸轮机构的从动件运动规律与凸轮的_____有关。

A. 实际轮廓 B. 理论轮廓 C. 表面硬度 D. 基圆

5. 压力角增大对_____。

A. 凸轮机构的工作不利 B. 凸轮机构的工作有利
C. 凸轮机构的工作无影响 D. 以上均不对

6. _____对于较复杂的凸轮轮廓曲线，也能准确地获得所需的运动规律。

A. 尖顶式从动杆 B. 滚子式从动杆
C. 平底式从动杆 D. 以上均不对

7. _____的摩擦阻力较小，传力能力强。

A. 尖顶式从动杆 B. 滚子式从动杆
C. 平底式从动杆 D. 以上均不对

8. 凸轮机构中，从动件的运动规律取决于凸轮轮廓的_____。

A. 大小 B. 形状

四、综合题

1. 根据图 16-1 所示盘形凸轮完成下列问题：

（1）画出基圆、理论轮廓曲线和图示位置压力角，指出实际轮廓曲线。当凸轮上 A、B 两点与从动件接触时，压力角如何变化？

（2）从动件上升或下降时，凸轮转角 δ 和从动件相应的行程 h 各为多少？

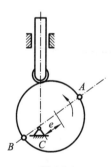

图 16-1

2. 如图 16-2 所示,已知一偏心圆盘 $R=40$ mm,$L_{OA}=90$ mm,$L_{AB}=70$ mm,转轴 O 到圆盘中心 C 的距离 $L_{OC}=20$ mm,圆盘逆时针方向回转。

(1) 标出凸轮机构在图示位置时的压力角 α,画出基圆,求基圆半径 r_0。

(2) 作出推杆由最下位置摆到图示位置时,推杆摆动的角度 φ 及相应的凸轮转角 δ。

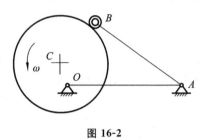

图 16-2

第6篇 课程设计指导

第 17 章　饮水机设计

根据自己的兴趣和家庭空间,自行设计一款饮水机并用三维造型表达装配结构关系,画出装配图和零件图,并说明工作原理。

第 18 章 电弧炼钢炉设备设计

查阅资料,回答下列问题:
(1) 试叙述 HGK、HGX 的特点。
(2) 试叙述新型倾动机构的倾动工作原理?它与 HGK 和 HGX 有何不同?
(3) 对于电炉新型倾动机构,用图解法求出钢槽口和电炉中心的运动轨迹。

第 19 章　搬运电动车设计

已知：提升重物 100 kg，提升高度 1.5 m，提升速度 0.2 m/s，行进车速 2 m/s，最大车重 150 kg，地面摩擦系数 0.3，电动机至工作机效率 90%，齿轮工况系数 $K_A=1$，电动机载荷平稳，每天工作 3～10 h，每小时启动次数不超过 5 次。

功能：可自动转向、自动行进和停车，能实现重物提升，同时兼顾灵活轻便、节省空间、环保节能的理念。

设计：实验室搬运电动车。

参 考 文 献

[1] 曹彤,和丽.机械设计制图习题集(下册)[M].4版.北京:高等教育出版社,2011.
[2] 樊百林,许倩,陈华,等.现代工程设计制图实践教程习题集[M].北京:中国铁道出版社,2017.
[3] 樊百林.发动机原理与拆装实践教程——现代工程实践教学[M].北京:人民邮电出版社,2011.

与本书配套的二维码资源使用说明

本书部分课程资源以二维码链接的形式呈现。利用手机微信扫码成功后提示微信登录,授权后进入注册页面,填写注册信息。按照提示输入手机号码,点击获取手机验证码,稍等片刻收到4位数的验证码短信,在提示位置输入验证码成功,再设置密码,选择相应专业,点击"立即注册",注册成功。(若手机已经注册,则在"注册"页面底部选择"已有账号? 立即注册",进入"账号绑定"页面,直接输入手机号和密码登录。)接着提示输入学习码,需刮开教材封面防伪涂层,输入13位学习码(正版图书拥有的一次性使用学习码),输入正确后提示绑定成功,即可查看二维码数字资源。手机第一次登录查看资源成功以后,再次使用二维码资源时,只需在微信端扫码即可登录进入查看。